Konrad Hoyer
Gerhard Schnell

Differentialgleichungen der Elektrotechnik

Lösung mittels Theorie der Differentialgleichungen,
Laplace-Transformation
und programmierbarer Taschenrechner

Vieweg

CIP-Kurztitelaufnahme der Deutschen Bibliothek

Hoyer, Konrad
Differentialgleichungen der Elektrotechnik: Lösung mittels Theorie d. Differentialgleichungen, Laplace-Transformation u. programmierbarer Taschenrechner/ Konrad Hoyer; Gerhard Schnell. – 1. Aufl. – Braunschweig: Vieweg, 1978.
ISBN-13:978-3-528-04092-5 e-ISBN-13:978-3-322-84336-4
DOI: 10.1007/978-3-322-84336-4

NE: Schnell, Gerhard:

1978

ISBN-13:978-3-528-04092-5

Vorwort

Die Berechnung elektrischer Ausgleichsvorgänge ist sowohl bei Studenten als auch bei ausgebildeten Praktikern eine meist unbeliebte Beschäftigung. Der Grund dafür ist wohl, daß die dazu notwendige Mathematik nicht ganz anspruchslos ist.
Dazu kommt, daß Grundlagenlehrbücher diesen Stoff notgedrungen sehr knapp anbieten und die einschlägigen Monographien für Anfänger viel zu schwierig sind.
Um hier Abhilfe zu schaffen, haben sich ein Mathematiker und ein Elektrotechniker zusammengetan und, gestützt auf langjährige Vorlesungserfahrung, eine wirklich elementare Einführung verfaßt. Es werden in diesem Buch parallel

- die klassische Methode der Lösung von Differentialgleichungen,
- die elegante Methode der Laplace-Transformation und
- die moderne Methode der numerischen, digitalelektronischen Berechnung dargestellt. Insbesondere von der letzten Methode erwarten wir bei dem heutigen Stand der Technik der programmierbaren Taschenrechner eine stetig steigende Bedeutung für die Praxis. Es wurden aber alle drei Methoden soweit behandelt, wie sie ein Student der Elektrotechnik an Hoch- und Fachhochschule beherrschen muß. Auch Studenten verwandter Fachrichtungen wollen wir ansprechen.

Das letzte Kapitel bringt einen Ausgleichsvorgang aus der Regelungstechnik, der unter Mithilfe und mit dem Verfahren von Prof. K. Schneider berechnet wurde.
Für Hinweise auf Fehler, die wir trotz aller Sorgfalt nicht fanden, sind wir genauso dankbar wie für Kritik und Anregungen für Verbesserungen und Erweiterungen.

Frankfurt am Main, 1978

K. Hoyer Dr. G. Schnell

Inhaltsverzeichnis

1 Berechnung von Ausgleichsvorgängen mit Differentialgleichungen

1.1 Differentielle Beziehungen

Die Grundlage der Berechnung von elektrischen Ausgleichsvorgängen sind - wie bei Berechnung des stationären Zustandes - die Kirchhoffschen Regeln (Knoten- und Maschenregel).
Sie ergeben zusammen mit den differentiellen Beziehungen zwischen u und i an L oder C die Differentialgleichung (Dgl.).
Diese Beziehungen zeigt Tabelle 1.

	R	L	C
u	$R \cdot i$	$L \cdot i'$	$\frac{1}{C} \cdot \int i\,dt + U(0)$
i	$\frac{u}{R}$	$\frac{1}{L} \cdot \int u\,dt + I(0)$	$C \cdot u'$

hier und im Folgenden bedeutet $u' = \frac{du}{dt}$.

Tabelle 1

1.2 Anfangswerte

Zur Bestimmung der Konstanten in der geschlossenen Lösung der Dgl. sind noch die Anfangswerte notwendig, das sind die u- bzw. i-Werte zum Zeitpunkt des Schaltens, also bei t = 0.

Kirchhoff + Tab. 1 ⇒ Dgl. → allgemeine Lösung → endgültige Lösung

(↑ Ansatz; ↑ Anfangswerte u(0); i(0))

(Für die numerische Lösung von Dgl. ist kein Lösungsansatz erforderlich.)

1.3 Aus- und Einschaltvorgänge

Bei den mathematisch einfacheren Ausschaltvorgängen hat man es stets mit einer homogenen Dgl. zu tun, d.h. das "Störglied" auf der rechten Seite der Dgl. ist = 0.
Bei den Einschaltvorgängen ist das Störglied gerade gleich der eingeschalteten treibenden Spannung. Bei der Berechnung der geschlossenen Lösung geht man so vor, daß man zunächst die allgemeine Lösung der homogenen Dgl. bestimmt. Dann sucht man mittels eines geschickten Ansatzes eine Lösung der inhomogenen Dgl.. Beide Lösungen werden addiert und durch die Anfangswerte einander angepasst.

Ausschaltvorgang: homogene Dgl. + Anfangswerte → Lösung

Einschaltvorgang:

inhomogene Dgl. ⟨ allgemeine Lösung der homogenen Dgl. + eine Lösung der inhomogenen Dgl. ⟩ + Anfangswerte → Lösung

2 Berechnungsbeispiele von Schaltungen mit einem Energiespeicher mittels Differentialgleichung

Die Aufgaben dieser Gruppe führen stets zu Dgl. erster Ordnung. Deren Lösungen enthalten meist die e-Funktion. Zur Konstantenbestimmung ist nur ein bekannter Anfangswert erforderlich.

2.1 Das RC-Glied

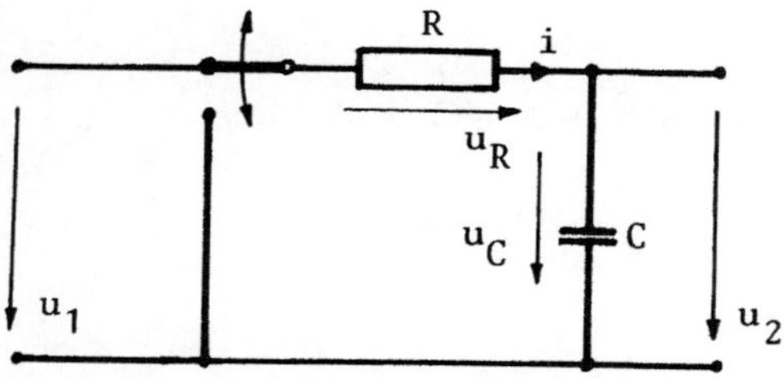

Die Kirchhoffsche Maschenregel liefert:

$$u_R + u_C = u_1.$$

Für $i_R = i_C = i$:

$$R \cdot i + u_C = u_1.$$

Mit Tabelle 1 und $u_C = u_2$:

$$R \cdot C \cdot u_2' + u_2 = u_1. \tag{1}$$

Dies ist eine inhomogene Dgl. erster Ordnung, die obige Schaltung allgemein beschreibt.
Wir betrachten zunächst den einfachen Fall, daß zum Zeitpunkt $t = 0$ der Eingang kurzgeschlossen wird und der Kondensator C auf U_o aufgeladen sei, also den Ausschaltvorgang.

2.1.1 Ausschaltvorgang

Für $t \geq 0$ ist dann $u_1 = 0$.

Also aus (1)

$$R \cdot C \cdot u_2' + u_2 = 0 \tag{2}$$

(homogene Dgl. 1. Ordnung).

Lösungsansatz: Es sei

$$u_2 = A \cdot e^{-\frac{t}{\tau}}. \tag{3}$$

(3) → (2):

$$R \cdot C \cdot \left(-\frac{1}{\tau}\right) \cdot A \cdot e^{-\frac{t}{\tau}} + A \cdot e^{-\frac{t}{\tau}} = 0,$$

daraus

$$\tau = R \cdot C. \tag{4}$$

Der Anfangswert ist $u_2(0) = u_C(0) = U_o$, denn auf U_o sei C aufgeladen. Dies in (3):

$$U_o = A \cdot e^0,$$

daraus

$$A = U_o.$$

Somit ergibt sich die Lösung

$$u_2 = U_o \cdot e^{-\frac{t}{\tau}}. \tag{5}$$

Bemerkungen:

1. Aus der Anschauung erwartet man $u_2 = U_o$ für $t = 0$. Das liefert auch (5). Weiterhin wird wohl bei $t \to \infty$ der Kondensator entladen sein, also $u_2(\infty) \to 0$. Das liefert auch (5).
2. Liegt die Schaltung an einer Wechselspannung bevor geschaltet wird, so wird für U_o der Wert von u_C genommen, welcher zum Zeitpunkt des Schaltens herrscht. Alles andere bleibt wie oben.

2.1.2 Einschaltvorgang

An die strom- und spannungslose Schaltung wird zum Zeitpunkt $t = 0$ irgendeine Spannung u_1 gelegt. Die Berechnung der sich einstellenden Ausgangsspannung u_2 ist nunmehr umfangreicher. Wir untersuchen das im Folgenden für die Fälle

$u_1 = U_o$	(Gleichspannung)	für $t \geqq 0$;
$u_1 = k \cdot t$	(Rampenspannung)	für $t \geqq 0$;
$u_1 = U \cdot \sin\omega t$	(Wechselspannung)	für $t \geqq 0$;
$u_1 =$ 	(Rechteckspannung)	für $t \geqq 0$.

2.1.2.1 Gleichspannung

Es gilt (1) mit $u_1 = U_o$:

$$R \cdot C \cdot u_2' + u_2 = U_o. \tag{6}$$

Diese inhomogene Dgl. erster Ordnung löst man, indem man zunächst die allgemeine Lösung der homogenen Dgl. sucht. Dies ist in unserem Fall bereits erledigt, vgl. (3).
Dann sucht man eine Lösung der inhomogenen Dgl.. Dazu bedarf es einer gewissen Erfahrung und Übung. Man setzt im allgemeinen eine Lösung an "in Form" des "Störgliedes" (das ist bei uns stets die Eingangsspannung u_1). Schließlich addiert man die allgemeine Lösung der homogenen und die spezielle Lösung der inhomogenen Dgl. zur Gesamtlösung.
Lösungsansatz "in Form" des Störgliedes: Es sei

$$u_2 = a \cdot U_o.$$

Das in (6):

$$R \cdot C \cdot 0 + a \cdot U_o = U_o, \qquad \rightarrow \quad a = 1,$$

und die spezielle Lösung lautet somit

$$u_2 = U_o.$$

Allgemeine Lösung + spezielle Lösung:

$$u_2 = U_o + A \cdot e^{-\frac{t}{\tau}}. \qquad (7)$$

Die Konstante A ergibt sich aus dem Anfangswert $u_2(0) = 0$:

$$0 = U_o + A \cdot e^o, \qquad \rightarrow \quad A = - U_o.$$

Aus (7):

$$u_2 = U_o \cdot (1 - e^{-\frac{t}{\tau}}). \qquad (8)$$

Diese Lösung wird wieder auf die Probe gestellt: Für $t = 0$ erwarten wir $u_2 = 0$. (8) liefert das. Für $t \rightarrow \infty$ erwarten wir $u_2 \rightarrow U_o$. (8) liefert das.

2.1.2.2 Rampenspannung

(1) mit $u_1 = k \cdot t$:

$$R \cdot C \cdot u_2' + u_2 = k \cdot t. \qquad (9)$$

Die Lösung der homogenen Dgl. ist bereits bekannt: (3). Für die inhomogene Dgl. versuchen wir den Ansatz "in Form" von u_1. Es sei

$$u_2 = a + b \cdot t. \qquad (10)$$

Dies in (9):

$$R \cdot C \cdot b + a + b \cdot t = k \cdot t.$$

Koeffizientenvergleich der beiden Seiten dieser Gleichung ergibt:

$$a = - k \cdot \tau;$$
$$b = k.$$

Dies führen wir in (10) ein und bilden dann die Summe von allgemeiner Lösung der homogenen Dgl. und spezieller Lösung der inhomogenen Dgl.:

(3) + (10):

$$u_2 = A\cdot e^{-\frac{t}{\tau}} + k\cdot t - k\cdot\tau.$$

Die Konstante A folgt aus dem Anfangswert $u_2(0) = 0$:

$$0 = A\cdot e^0 + 0 - k\cdot\tau, \qquad \Rightarrow \quad A = k\cdot\tau.$$

Damit erhält man die endgültige Lösung

$$u_2 = k\cdot\left[t - \tau\cdot(1 - e^{-\frac{t}{\tau}})\right]. \tag{11}$$

Probe: Für t =0 muß u_2 =0 sein. Dies wird von (11) erfüllt.
Für sehr große t muß $u_2 = k\cdot t$ werden. Auch das erfüllt (11).

2.1.2.3 Wechselspannung

(1) mit $u_1 = U\cdot\sin\omega t$:

$$R\cdot C\cdot u_2' + u_2 = U\cdot\sin\omega t. \tag{12}$$

Die Lösung der homogenen Dgl. ist (3).
Für die inhomogene Dgl. versuchen wir den Ansatz "in Form" von u_1. Es sei

$$\begin{aligned} u_2 &= B\cdot\sin\omega t + D\cdot\cos\omega t, \\ u_2' &= B\cdot\omega\cdot\cos\omega t - D\cdot\omega\cdot\sin\omega t. \end{aligned} \tag{13}$$

Dies in (12) ergibt

$$(B - D\cdot\omega\cdot\tau)\cdot\sin\omega t + (B\cdot\omega\cdot\tau + D)\cdot\cos\omega t = U\cdot\sin\omega t.$$

Koeffizientenvergleich der beiden Seiten der Gleichung ergibt nach kurzer Zwischenrechnung

$$B = \frac{U}{1+(\omega\cdot\tau)^2} \quad \text{und} \quad D = -\frac{U\cdot\omega\cdot\tau}{1+(\omega\cdot\tau)^2}.$$

Dies führen wir in (13) ein und bilden dann die Summe von allgemeiner Lösung der homogenen Dgl. und spezieller Lösung der inhomogenen Dgl., (3) + (13):

$$u_2 = A \cdot e^{-\frac{t}{\tau}} + \frac{U}{1+(\omega \cdot \tau)^2} \cdot (\sin\omega t - \omega \cdot \tau \cdot \cos\omega t).$$

Die Konstante A folgt aus dem Anfangswert $u_2(0) = 0$:

$$0 = A \cdot 1 + \frac{U}{1+(\omega \cdot \tau)^2} \cdot (0 - \omega \cdot \tau).$$

Somit lautet die endgültige Lösung:

$$u_2 = \frac{U \cdot \omega \cdot \tau}{1+(\omega \cdot \tau)^2} \cdot \left[e^{-\frac{t}{\tau}} + \frac{1}{\omega \cdot \tau} \cdot \sin\omega t - \cos\omega t \right]. \quad (14)$$

Probe: Für $t = 0$ muß $u_2 = 0$ sein. Diese Forderung erfüllt (14).
Für $t \to \infty$ muß sich die stationäre Lösung ergeben.
Aus (14):

$$u_{2\,t \to \infty} = \frac{U}{1+(\omega \tau)^2} \cdot \left[\sin\omega t - \omega\tau\cos\omega t \right]. \quad (15)$$

Berechnet man $u_2(t \to \infty)$ des RC-Gliedes mit komplexer Rechnung, so erhält man [1]:

$$u_2 = \frac{U}{\sqrt{1+(\omega \cdot \tau)^2}} \cdot \sin(\omega t - \varphi). \quad (16)$$

Die Übereinstimmung von (15) und (16) ist nicht offensichtlich. Man findet sie, wenn man berücksichtigt, daß hier $\tan\varphi = \omega \cdot \tau$ ist und allgemein:

$$\sin(a + b) = \sin a \cdot \cos b + \cos a \cdot \sin b,$$

$$\sin a = \frac{\tan a}{\sqrt{1+(\tan a)^2}},$$

$$\cos a = \frac{1}{\sqrt{1+(\tan a)^2}}.$$

Bemerkung:
Das Einschalten muß nicht bei $u_2(0) = 0$ erfolgen. Es kann zu jedem Zeitpunkt geschehen. Es ergibt sich dann wegen $u_2(0) \neq 0$ lediglich eine andere Konstante A.

2.1.2.4 Rechteckspannung

Legt man eine Rechteckspannung an ein RC-Glied, so wechseln sich Ein- und Ausschaltperioden ab. Man kann den sich ergebenden Spannungsverlauf u_2 abschnittsweise leicht berechnen, wenn man bei t = 0 beginnend den Einschaltvorgang berechnet. $u_2(T/2)$ ist dann der Anfangswert für den folgenden Ausschaltvorgang. Daraus folgt $u_2(T)$ als Anfangswert für den folgenden Einschaltvorgang, usw.. Nach genügend langer Zeit ist ein stationärer Verlauf von u_2 entstanden, den man ohne Dgl. berechnen kann, wenn man annimmt, u_2 ändere sich stets mit der Zeitkonstanten $\tau = R\cdot C$ [2].

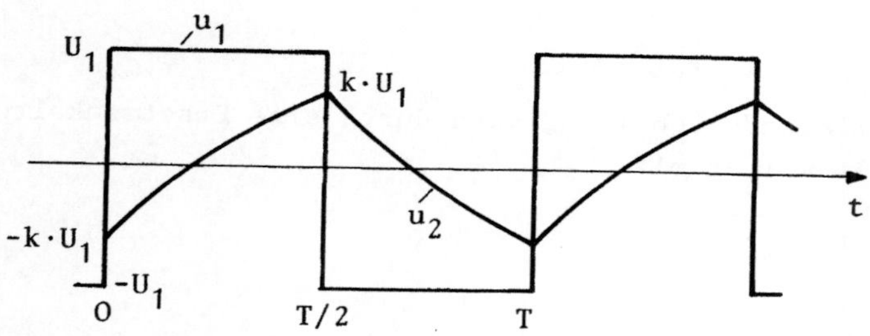

Weiterhin setzen wir voraus, daß u_2 sich symmetrisch zur Nulllinie einpendelt. Dann liest man aus der Abbildung ab:

$$0 < t < T/2: \quad u_2 = (U_1 + k\cdot U_1)\cdot(1 - e^{-\frac{t}{\tau}}) - k\cdot U_1$$

$$T/2 < t < T: \quad u_2 = -(U_1 + k\, U_1)\cdot(1 - e^{-\frac{t}{\tau}}) + k\cdot U_1 . \qquad (17)$$

Das unbekannte k ergibt sich aus $u_2(T/2) = k\cdot U_1$ zu

$$k = \frac{e^{\frac{T}{2\tau}} - 1}{e^{\frac{T}{2\tau}} + 1} = \tanh \frac{T}{4\tau} .$$

Dies in (17) ergibt den gesuchten Verlauf von u_2.

2.1.3 Das belastete RC-Glied

RC-Glieder liefern ihre Ausgangsspannung u_2 an Folgeschaltungen mit einem Eingangswiderstand R_e.

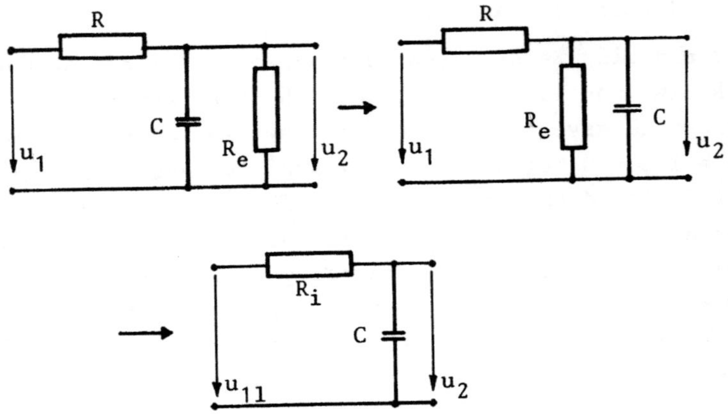

Die resultierende Schaltung kann durch eine Ersatzschaltung dargestellt werden mit

$$R_i = R//R_e; \tag{18}$$

und

$$u_{11} = u_1 \cdot \frac{R_e}{R+R_e}. \tag{19}$$

Damit ist die Aufgabe auf (1) zurückgeführt.

2.1.4 Das CR-Glied

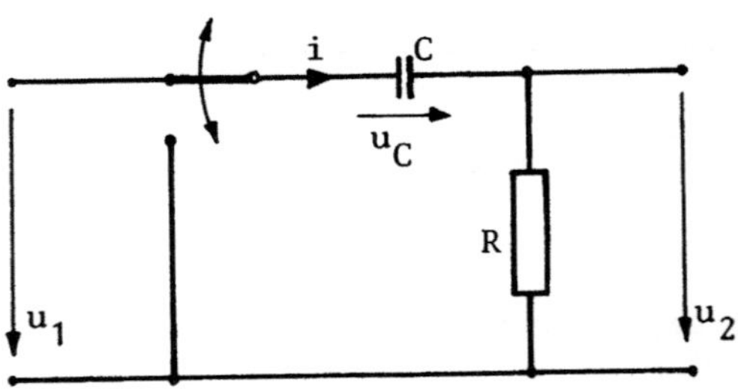

Die Kirchhoffsche Maschenregel liefert:

$$u_C + u_R = u_1,$$
$$u_C + R \cdot i = u_1.$$

Mit Tabelle 1:

$$u_C + R\cdot C\cdot u_C' = u_1.$$

Dies entspricht (1) und kann wie in Abschnitt 2.1 beschrieben gelöst werden. Das gesuchte u_2 folgt dann mittels Tabelle 1 aus u_C:

$$u_2 = R\cdot i = R\cdot C\cdot u_C' \qquad (20)$$

1.Kurzschluß des Eingangs bei aufgeladenem Kondensator

Aus (5) folgt

$$u_C' = -\frac{1}{\tau}\cdot U_o\cdot e^{-\frac{t}{\tau}},$$

also

$$u_2 = -U_o\cdot e^{-\frac{t}{\tau}}. \qquad (21)$$

Das Minus bedeutet Spannung u_2 entgegen dem Pfeil der Skizze.

2. Eingeschaltete Gleichspannung

Aus (8) folgt:

$$u_C' = \frac{U_o}{\tau}\cdot e^{-\frac{t}{\tau}},$$

also

$$u_2 = U_o\cdot e^{-\frac{t}{\tau}}. \qquad (22)$$

3. Rampenspannung

Aus (11) folgt

$$u_C' = k\cdot\left[1 - \frac{\tau}{\tau}\cdot e^{-\frac{t}{\tau}}\right],$$

$$u_2 = k\cdot R\cdot C\cdot\left[1 - e^{-\frac{t}{\tau}}\right]. \qquad (23)$$

Nach einiger Zeit bleibt also u_2 konstant trotz weiterhin steigender Eingangsspannung.

4. Wechselspannung

Aus (14) folgt

$$u_C' = \frac{U\cdot\omega\cdot\tau}{1+(\omega\cdot\tau)^2}\cdot\left[-\frac{1}{\tau}\cdot e^{-\frac{t}{\tau}} + \frac{1}{\tau}\cdot\cos\omega t + \omega\cdot\sin\omega t\right].$$

Daraus wieder u_2 mittels (20).

2.2 Das RL-Glied

Das RL-Glied liegt normalerweise vor in Form einer Spule, sodaß es sinnvoll ist, nach dem Verhalten des Spulenstromes i zu fragen. Dessen Berechnung erfolgt vollkommen analog zur RC-Berechnung in Abschnitt 2.1.
Wünscht man u_L zu wissen, so bedient man sich der Beziehung $u_L = L\cdot i'$ mit i gemäß Folgendem.

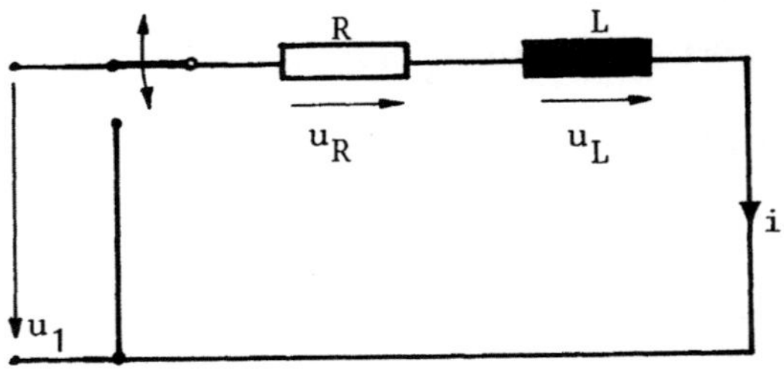

Die Kirchhoffsche Maschenregel liefert

$$u_R + u_L = u_1.$$

Mit Tabelle 1:

$$R\cdot i + L\cdot i' = u_1. \qquad (24)$$

Diese inhomogene Dgl. erster Ordnung beschreibt obige Schaltung.

2.2.1 Ausschaltvorgang

Es fließe für $t < 0$ ein Strom $I = \frac{U_o}{R}$. Bei $t = 0$ wird u_1 abge-

trennt und die Spule kurzgeschlossen. Gesucht ist $i(t \geq 0)$.
Aus (24) folgt

$$R \cdot i + L \cdot i' = 0. \tag{24a}$$

Man findet dazu genau wie in Abschnitt 2.1.1 die allgemeine Lösung

$$i = A \cdot e^{-\frac{t}{\tau}}, \tag{25}$$

woraus hier folgt

$$i = I \cdot e^{-\frac{t}{\tau}} \quad \text{mit} \quad \tau = \frac{L}{R}. \tag{26}$$

Der Strom i nimmt erwartungsgemäß ab bis $i = 0$.

2.2.2 Einschaltvorgang

2.2.2.1 Gleichspannung

Es gilt (24) mit $u_1 = U_0$:

$$R \cdot i + L \cdot i' = U_0,$$

bzw.

$$i + \tau \cdot i' = I, \qquad \tau = \frac{L}{R}. \tag{27}$$

(27) entspricht genau (6), sodaß man die dortige Lösung (8) umgeschrieben übernehmen kann:

$$i = I \cdot (1 - e^{-\frac{t}{\tau}}). \tag{28}$$

2.2.2.2 Rampenspannung

Es gilt (24) mit $u_1 = k \cdot t$:

$$R \cdot i + L \cdot i' = k \cdot t. \tag{29}$$

Wir übernehmen die Lösung der homogenen Dgl. aus Abschnitt 2.1.1, (3):

$$i = A \cdot e^{-\frac{t}{\tau}}. \qquad (30)$$

Für die inhomogene Dgl. (29) machen wir den Ansatz "in Form" des Störgliedes

$$i = a + b \cdot t. \qquad (31)$$

Durch Einsetzen in (29) und Koeffizientenvergleich erhält man wie in Abschnitt 2.1.2.2:

$$a = -\frac{k}{R} \cdot \tau,$$

$$b = \frac{k}{R}.$$

Man setzt diese Konstanten in (31) ein und addiert (30)+(31). Mit der Anfangsbedingung i(0) = 0 folgt die Lösung

$$i = \frac{k}{R} \cdot \left[t - \tau \cdot (1 - e^{-\frac{t}{\tau}})\right]. \qquad (32)$$

Man vergleiche (32) mit (11).

2.2.2.3 Wechselspannung

Es gilt (24) mit $u_1 = U \cdot \sin\omega t$:

$$R \cdot i + L \cdot i' = U \cdot \sin\omega t. \qquad (33)$$

Wir übernehmen die Lösung der homogenen Dgl. wieder aus Abschnitt 2.1.1, (3):

$$i = A \cdot e^{-\frac{t}{\tau}}, \qquad \tau = \frac{L}{R}. \qquad (30)$$

Wie in Abschnitt 2.1.2.3 machen wir für die inhomogene Dgl. den Ansatz "in Form" des Störgliedes:

$$i = B \cdot \sin\omega t + D \cdot \cos\omega t. \qquad (34)$$

(34) in (33) ergibt durch Koeffizientenvergleich:

$$B = \frac{U}{L} \cdot \frac{\tau}{1 + (\omega \cdot \tau)^2},$$

$$D = -\frac{U}{R} \cdot \frac{\omega \cdot \tau}{1 + (\omega \cdot \tau)^2}.$$

Dies in (34), dann (34)+(30) und daraus mittels i(0) = 0 Bestimmung von A, sodaß folgt:

$$i = \frac{U \cdot \omega \cdot \tau}{1+(\omega \cdot \tau)^2} \cdot \frac{1}{R} \cdot \left[e^{-\frac{t}{\tau}} + \frac{1}{\omega \cdot \tau} \cdot \sin\omega t - \cos\omega t\right]. \quad (35)$$

Man vergleiche mit (14).

3 Berechnung von Ausgleichsvorgängen mit Laplace-Transformation

Bei der Berechnung von Einschaltvorgängen mittels Laplace-Transformation brauchen keine Dgl. aufgestellt werden, sondern lediglich algebraische Gleichungen. Bei den Ausschaltvorgängen ist es einfacher, zunächst die Dgl. hinzuschreiben und sie dann mittels Laplace-Transformation in algebraische Gleichungen umzuformen. Die Anwendung der Laplace-Transformation ist auch möglich, wenn man den umfangreichen mathematischen Apparat nicht kennt, der im Hintergrund steht [3].
Wichtig ist nur die Kenntnis der Transformationsbeziehungen, der sogenannten Korrespondenzen.
Anhand des folgenden Flußdiagramms erfolgt die Erläuterung des Verfahrens.

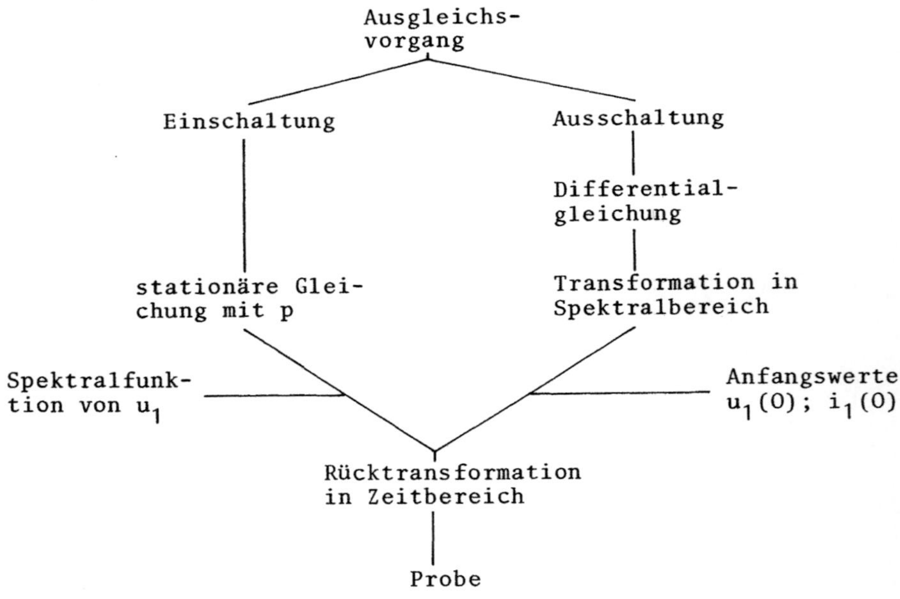

3.1 Einschaltvorgang

3.1.1 Übertragungsfunktion

Man berechnet die gesuchte Ausgangsgrösse u_2 bzw. i_2 wie im stationären Fall mit den Kirchhoffschen Regeln und komplexer Rechnung. Dabei setzt man abkürzend $j \cdot \omega = p$.

$$u_2 = F(p) \cdot u_1 \qquad (1)$$

F(p) nennt man die Übertragungsfunktion.

3.1.2 Spektralfunktion

Man wählt die dem gegebenen zeitlichen Verlauf der Eingangsgröße $u_1(t)$ entsprechende Spektralfunktion $u_1(p)$ mit Hilfe der Tabelle 2.

3.1.3 Rücktransformation

Die aus (1) sich ergebende Beziehung wird nun vom Spektralbereich in den Zeitbereich zurück transformiert. D.h., man sucht in Tabelle 3 die zur gefundenen Spektralfunktion $u_2(p)$ gehörige Zeitfunktion $u_2(t)$ auf.
Damit ist der Einschaltvorgang berechnet. Natürlich gilt für ein eventuell gesuchtes i_2 das Entsprechende.

3.2 Ausschaltvorgang

3.2.1 Integrodifferentialgleichung

Man stellt die Integrodifferentialgleichung der Schaltung auf mit Hilfe der Kirchhoffschen Regeln und Tabelle 1, wie in Abschnitt 1. beschrieben.

3.2.2 Spektralbereich

Man transformiert die gesamte Integro-Dgl. in den Spektralbereich, indem man die Differentiation durch eine Multiplikation mit p und eine eventuelle Integration durch eine Division durch p ersetzt. Vgl. dazu Tabelle 4.

3.2.3 Anfangswerte

Man führt die geforderten Anfangswerte $u_1(0)$, $i_1(0)$ ein. Sie ergeben sich, wie bei der Lösung mit Dgl., aus dem Zustand $t \leqq 0$.

3.2.4 Algebraische Gleichung

Die so erarbeitete algebraische Gleichung wird nach u_2 (bzw. i_2) aufgelöst:

$$u_2(p) = F(p, u_1(0), i_1(0)).$$

3.2.5 Rücktransformation

Die Spektralfunktion F wird mittels Tabelle 3 in den Zeitbereich zurück transformiert. Damit ist die Lösung gewonnen.

Nr.	Zeitfunktion $u_1(t)$	Spektralfunktion $u_1(p)$
1	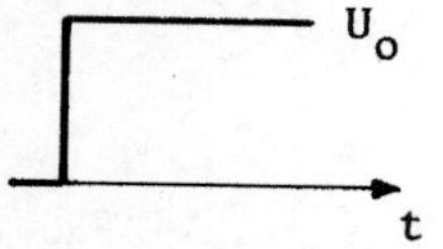	$\frac{U_o}{p}$
2		1
3	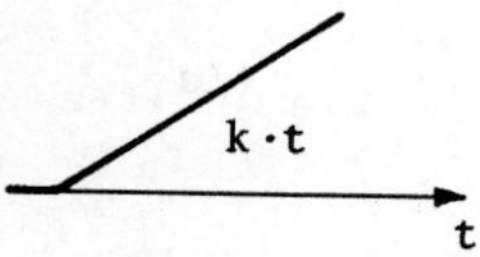	$\frac{k}{p^2}$
4	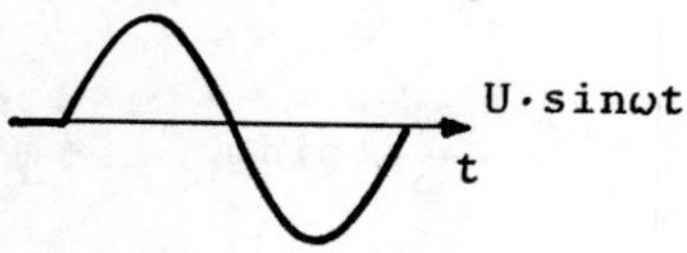	$\frac{U \cdot \omega}{p^2 + \omega^2}$
5	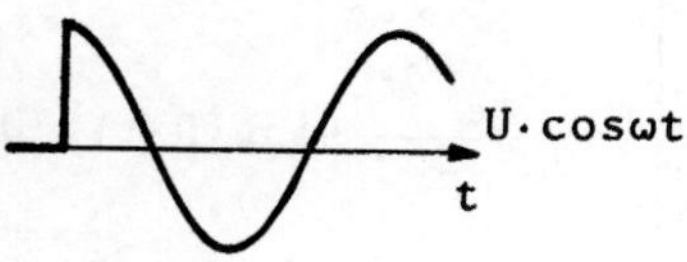	$\frac{U \cdot p}{p^2 + \omega^2}$
6	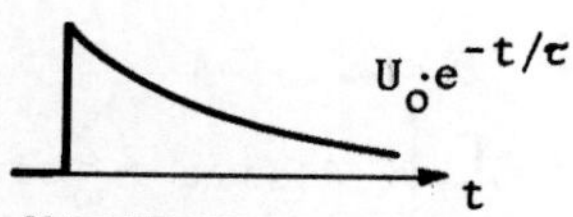	$\frac{U_o}{p + \frac{1}{\tau}}$
7	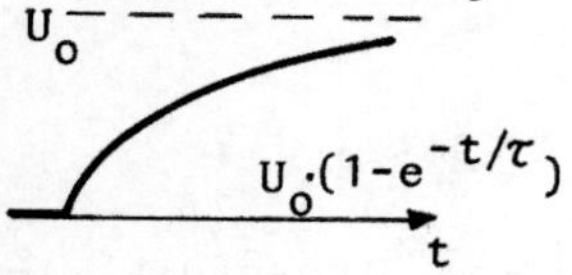	$\frac{U_o}{p \cdot (\tau \cdot p + 1)}$
8	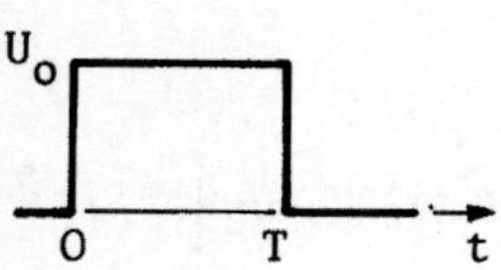	$\frac{U_o}{p}(1 - e^{-p \cdot T})$

Tabelle 2: Von der Zeitfunktion zur Spektralfunktion

Nr.	Spektralfunktion $u_2(p)$	Zeitfunktion $u_2(t)$
1	$\frac{U_o}{p \pm b}$	$U_o \cdot e^{\mp bt}$
2	$\frac{U_o}{p \cdot (a \cdot p+1)}$	$U_o \cdot (1-e^{-t/a})$
3	$\frac{k}{p^2}$	$k \cdot t$
4	$\frac{1}{p^2 \cdot (a \cdot p+1)}$	$a \cdot e^{-t/a} + t - a$
5a	$\frac{1}{p^2+2 \cdot \vartheta \cdot p+\omega_o^2}$	$\vartheta < \omega_o$: $\frac{e^{-\vartheta t}}{\omega} \cdot \sin\omega t$; $\omega = \sqrt{\omega_o^2 - \vartheta^2}$
5b		$\vartheta > \omega_o$: $\frac{e^{-\vartheta t}}{D} \cdot \sinh(D \cdot t)$; $D = \sqrt{\vartheta^2 - \omega_o^2}$
5c		$\vartheta = \omega_o$: $t \cdot e^{-\vartheta t}$
6a	$\frac{1}{p \cdot (p^2+2 \cdot \vartheta p+\omega_o^2)}$	$\vartheta < \omega_o$: $\frac{1}{\omega_o^2} \cdot \left[1-(\cos\omega t + \frac{\vartheta}{\omega} \sin\omega t) \cdot e^{-\vartheta t}\right]$ ω vgl. 5a
6b		$\vartheta > \omega_o$: $\frac{1}{\omega_o^2} \cdot \left[1-e^{-\vartheta t} \cdot (\cosh(D \cdot t) + \frac{\vartheta}{D} \cdot \sinh(D \cdot t))\right]$ D vgl. 5b
6c		$\vartheta = \omega_o$: $\frac{1}{\vartheta^2} \cdot \left[1-(1+\vartheta t) \cdot e^{-\vartheta t}\right]$
7a	$\frac{p}{p^2+2 \cdot \vartheta \cdot p+\omega_o^2}$	$\vartheta < \omega_o$: $e^{-\vartheta t} \cdot \left[\cos\omega t - \frac{\vartheta}{\omega} \cdot \sin\omega t\right]$ ω vgl. 5a

Nr.	Spektralfunktion $u_2(p)$	Zeitfunktion $u_2(t)$
7b	$\frac{p}{p^2+2\cdot\vartheta\cdot p+\omega_o^2}$	$\vartheta > \omega_o$: $e^{-\vartheta\cdot t}\cdot\left[\cosh(D\cdot t)-\frac{\vartheta}{D}\cdot\sinh(D\cdot t)\right]$ D vgl.5b
7c		$\vartheta=\omega_o$: $e^{-\vartheta\cdot t}\cdot\left[1-\vartheta t\right]$
8	$\frac{p}{(p-a)\cdot(p-b)}$	$\frac{1}{a-b}\cdot(a\cdot e^{a\cdot t}-b\cdot e^{b\cdot t})$
9	$\frac{1}{(p-a)\cdot(p-b)\cdot(p-c)}$	$\frac{(c-b)\cdot e^{a\cdot t}+(a-c)\cdot e^{b\cdot t}+(b-a)\cdot e^{c\cdot t}}{(a-b)\cdot(b-c)\cdot(c-a)}$ $=\frac{e^{a\cdot t}}{(a-b)\cdot(a-c)}+\frac{e^{b\cdot t}}{(b-a)\cdot(b-c)}+\frac{e^{c\cdot t}}{(c-a)\cdot(c-b)}$
10	$\frac{1}{(p-a)\cdot(p-b)\cdot(p-c)\cdot(p-d)}$	$\frac{e^{a\cdot t}}{(a-b)\cdot(a-c)\cdot(a-d)}+\frac{e^{b\cdot t}}{(b-a)\cdot(b-c)\cdot(b-d)}+\frac{e^{c\cdot t}}{(c-a)\cdot(c-b)\cdot(c-d)}+\frac{e^{d\cdot t}}{(d-a)\cdot(d-b)\cdot(d-c)}$
11	$S(p)\cdot e^{-p\cdot T}$	$\begin{cases} 0 & \text{für } t < T \\ S(t-T) & \text{für } t \geq T \end{cases}$

Tabelle 3: Von der Spektralfunktion zur Zeitfunktion

		R	L	C
u =	Zeit-bereich	$R \cdot i$	$L \cdot i'$	$\frac{1}{C} \cdot \int i\,dt + u(0)$
	Spektral-bereich	$R \cdot i$	$L \cdot (p \cdot i - i(0))$	$\frac{1}{C \cdot p} \cdot i + \frac{u(0)}{p}$
i =	Zeit-bereich	$\frac{u}{R}$	$\frac{1}{L} \cdot \int u\,dt + i(0)$	$C \cdot u'$
	Spektral-bereich	$\frac{u}{R}$	$\frac{1}{L \cdot p} \cdot u + \frac{i(0)}{p}$	$C \cdot (p \cdot u - u(0))$

Tabelle 4: Ströme und Spannungen an R, L, C

4 Berechnungsbeispiele von Schaltungen mit einem Energiespeicher mittels Laplace-Transformation

4.1 Das RC-Glied

4.1.1 Einschaltvorgang

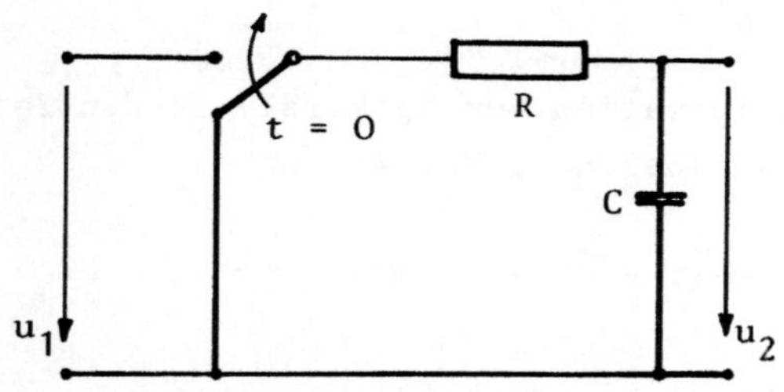

Die Übertragungsfunktion ist hier die Spannungsteilerformel

$$u_2 = u_1 \cdot \frac{\frac{1}{p\cdot C}}{R + \frac{1}{p\cdot C}} = u_1 \cdot \frac{1}{p\cdot\tau + 1}; \quad \tau = R\cdot C. \tag{1}$$

4.1.1.1 Gleichspannung

Für das Einschalten einer Gleichspannung gilt die Spektralfunktion nach Tabelle 2 Nr. 1, also aus (1)*:

$$u_2 = \frac{U_o}{p}\cdot\frac{1}{p\cdot\tau + 1}. \tag{2}$$

Dies ist schon die Lösung im Spektralbereich. Die Rücktransformation in den Zeitbereich erfolgt mit Tabelle 3, Nr. 2:

$$u_2 = U_o\cdot(1 - e^{-t/\tau}). \tag{3}$$

Man vergleiche mit Abschnitt 2.1.2.1 (8).

---

*Anmerkung: Bei der hier angewandten verkürzten Schreibweise ist $u_1 = u_1(t)$ noch als Zeitfunktion, der folgende Ausdruck (Bruch) bereits als Spektralfunktion geschrieben. Das erlaubt es uns, im Folgenden nur noch die Zeitfunktion durch die der aktuellen Störfunktion $u_1(t)$ entsprechende Spektralfunktion $u_1(p)$ zu ersetzen.

4.1.1.2 Rampenspannung

Man setzt in (1) nunmehr die Spektralfunktion der Rampenspannung ein. Mit Tabelle 2, Nr. 3:

$$u_2(p) = \frac{k}{p^2}\cdot\frac{1}{p\cdot\tau + 1}; \qquad \tau = R\cdot C. \tag{4}$$

Die Rücktransformation vom Spektral- in den Zeitbereich erfolgt mittels Tabelle 3, Nr. 4:

$$u_2(t) = k\cdot(\tau\cdot e^{-t/\tau} + t - \tau). \tag{5}$$

Man vergleiche diese Lösung mit Abschnitt 2.1.2.2 (11).

4.1.1.3 Wechselspannung

Beim Einschalten einer Wechselspannung setzt man die Spektralfunktion der Wechselspannung $u_1 = U\cdot\sin\omega t$ ein (Tabelle 2, Nr. 4):

$$u_2(p) = \frac{U\cdot\omega}{p^2 + \omega^2}\cdot\frac{1}{p\cdot\tau + 1}. \tag{6}$$

Der Nenner ist ein Polynom dritten Grades mit den Lösungen

$$p_1 = -\frac{1}{\tau} \qquad (= a)$$
$$p_2 = +j\omega \qquad (= b)$$
$$p_3 = -j\omega \qquad (= c)$$

also

$$u_2(p) = U\cdot\frac{\omega}{\tau}\cdot\frac{1}{(p + \frac{1}{\tau})\cdot(p - j\omega)\cdot(p + j\omega)}. \tag{6a}$$

Die Rücktransformation vom Spektral- in den Zeitbereich erfolgt mittels Tabelle 3, Nr. 9:

$$u_2(t) = \frac{U\cdot\omega}{\tau}\cdot\left[\frac{e^{-t/\tau}}{(-\frac{1}{\tau} - j\omega)\cdot(-\frac{1}{\tau} + j\omega)} + \frac{e^{j\omega t}}{(j\omega + \frac{1}{\tau})\cdot(j\omega + j\omega)}\right.$$
$$\left. + \frac{e^{-j\omega t}}{(-j\omega + \frac{1}{\tau})\cdot(-j\omega - j\omega)}\right].$$

Diese Lösung läßt sich umformen, wenn man die Eulersche Beziehung $e^{j\omega t} = \cos\omega t + j\cdot\sin\omega t$ zuhilfe nimmt:

$$u_2(t) = \frac{U\cdot\omega\cdot\tau}{1 + (\omega\cdot\tau)^2}\cdot\left[e^{-t/\tau} + \frac{1}{\omega\cdot\tau}\cdot\sin\omega t - \cos\omega t\right]. \qquad (7)$$

Man vergleiche mit Abschnitt 2.1.2.3 (14).

Bemerkung:

Neben den üblichen Proben $u_2(0)$ und $u_2(t \to \infty)$ und der Dimensionsprobe ist es ein untrügliches Anzeichen für einen vorhandenen Rechenfehler, wenn das Ergebnis nicht reell ist.

4.1.2 Ausschaltvorgang

Gemäß dem in Abschnitt 3.2 Gesagten geht man von der homogenen Dgl. (Abschnitt 2.1.1 (2)) aus

$$\tau\cdot u_2' + u_2 = 0. \qquad (2.2)$$

Mittels Tabelle 4 wird u_2' ersetzt:

$$\tau\cdot(p\cdot u_2 - u_2(0)) + u_2 = 0.$$

Es ist $u_2(0) = U_0$ die Spannung an C vor dem Schaltvorgang. Damit folgt durch Umformung

$$u_2 = \frac{U_0}{p + 1/\tau}. \qquad (8)$$

Diese Lösung im Spektralbereich transformiert man mit Tabelle 3, Nr. 1 zurück in den Zeitbereich:

$$u_2 = U_0\cdot e^{-t/\tau}. \qquad (9)$$

4.2 Das RL-Glied

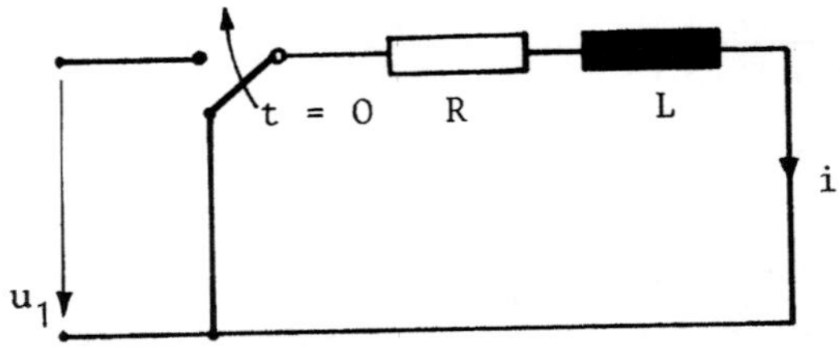

4.2.1 Einschaltvorgang

4.2.1.1 Gleichspannung

Die Übertragungsfunktion ergibt sich formal aus dem stationären Zustand mit Kirchhoffscher Regel und komplexer Rechnung:

$$i = \frac{u_1}{R + p \cdot L} = \frac{u_1}{R} \cdot \frac{1}{p \cdot \tau + 1}; \quad \tau = \frac{L}{R}. \tag{10}$$

Mit Tabelle 2, Nr. 1 für u_1 wird daraus

$$i = \frac{U_o}{R} \cdot \frac{1}{p \cdot (p \cdot \tau + 1)}.$$

Die Rücktransformation dieser Lösung vom Spektral- in den Zeitbereich erfolgt wie in Abschnitt 4.1.1.1 mit Tabelle 3, Nr. 2:

$$i = \frac{U_o}{R} \cdot (1 - e^{-t/\tau}). \tag{11}$$

Man vergleiche mit Abschnitt 2.2.2.1 (28).

Wird u_L gesucht, so setzt man allgemein die folgende Übertragungsfunktion an:

$$u_L = u_1 \cdot \frac{p \cdot L}{p \cdot L + R} = u_1 \cdot \frac{p}{p + \frac{1}{\tau}}.$$

Mit $u_1 = \frac{U_o}{p}$ ergibt sich

$$u_L = U_o \cdot \frac{1}{p + \frac{1}{\tau}}. \tag{12}$$

Daraus wird mit Tabelle 3, Nr. 1:

$$u_L = U_o \cdot e^{-t/\tau}. \tag{13}$$

4.2.1.2 Rampenspannung

In die allgemeine Beziehung (10) wird wie in Abschnitt 4.1.1.2 u_1 gemäß Tabelle 2, Nr. 3 eingesetzt:

$$i = \frac{k}{R} \cdot \frac{1}{p^2 \cdot (p \cdot \tau + 1)}; \quad \tau = \frac{L}{R}. \tag{14}$$

Daraus, mit Tabelle 3, Nr. 4:

$$i = \frac{k}{R} \cdot \left[\tau \cdot e^{-t/\tau} + t - \tau\right]. \tag{15}$$

Man vergleiche mit Abschnitt 2.2.2.2 (32).

4.2.1.3 Wechselspannung

In die allgemeine Beziehung (10) wird wie in Abschnitt 4.1.1.3 u_1 gemäß Tabelle 2, Nr. 4 eingesetzt:

$$i = \frac{1}{R} \cdot \frac{U \cdot \omega}{p^2 + \omega^2} \cdot \frac{1}{p \cdot \tau + 1}.$$

Dies stimmt bis auf den Faktor $\frac{1}{R}$ mit (6) überein, also muß auch die Lösung der dortigen Lösung (7) entsprechen:
Mit Tabelle 3, Nr. 9, nach einer Umformung wie bei Abschnitt 4.1.1.3, folgt:

$$i = \frac{1}{R} \cdot \frac{U \cdot \omega \cdot \tau}{1 + (\omega \cdot \tau)^2} \cdot \left[e^{-t/\tau} + \frac{1}{\omega \cdot \tau} \cdot \sin\omega t - \cos\omega t\right]. \tag{16}$$

Man vergleiche mit Abschnitt 2.2.2.3 (35).

4.2.2 Ausschaltvorgang

Wir übernehmen die Dgl. (24a) aus Abschnitt 2.2:

$$R \cdot i + L \cdot i' = 0.$$

Diese Beziehung transformieren wir mittels Tabelle 4 in den Spektralbereich:

$$R \cdot i + L \cdot (p \cdot i - i(0)) = 0. \tag{17}$$

Dabei ist i(0) der kurz vor dem Umschalten fließende Gesamtstrom $I = \frac{U}{R}$.
Aus (17):

$$i = \frac{I \cdot L}{R + p \cdot L} = I \cdot \frac{1}{p + \frac{1}{\tau}}; \quad \tau = \frac{L}{R}.$$

Diese Beziehung transformieren wir mit Tabelle 3, Nr. 1 zurück in den Zeitbereich:

$$i = I \cdot e^{-t/\tau}. \tag{18}$$

Man vergleiche mit Abschnitt 2.1.4 (26).

Wird das Aufsuchen einer exakten Lösung der Dgl. zu aufwendig oder ist dies sogar unmöglich, so kann man durch ein numerisches Verfahren direkt eine Näherungslösung konstruieren. Vorteil dieser Methode ist es, daß man unmittelbar Funktionswerte für einzelne, diskrete Argumentwerte bekommt. Nachteil ist, daß eine Verfahrenskonstante (Schrittweite) eingeführt werden muß, von deren Wahl die Genauigkeit der Rechnung und deren Aufwand abhängt.

5.1 Das Polygonzugverfahren

Wir zeigen diese Methode an dem einfachen Polygonzugverfahren, durchgerechnet für ein RC-Glied mit Rampenspannung. Nach Abschnitt 2.1.2.2 (9) gilt die Dgl.

$$R \cdot C \cdot u_2' + u_2 = k \cdot t.$$

Wir konzentrieren uns auf das Wesentliche und vereinfachen diese Dgl., indem wir setzen:

$$R \cdot C = 1, \quad k = 1, \quad \text{sowie} \quad y = u_2.$$

Somit erhalten wir die Dgl.

$$\frac{dy(t)}{dt} = -\,y(t) + t = g(t,\, y(t)) \qquad (1)$$

für die gesuchte Funktion $y = y(t)$. Diese Funktion ist eindeutig festgelegt, wenn noch zusätzlich für einen Abszissenwert $t = t_o$ der Funktionswert (Anfangswert)

$$y(t_o) = y_o \qquad (2)$$

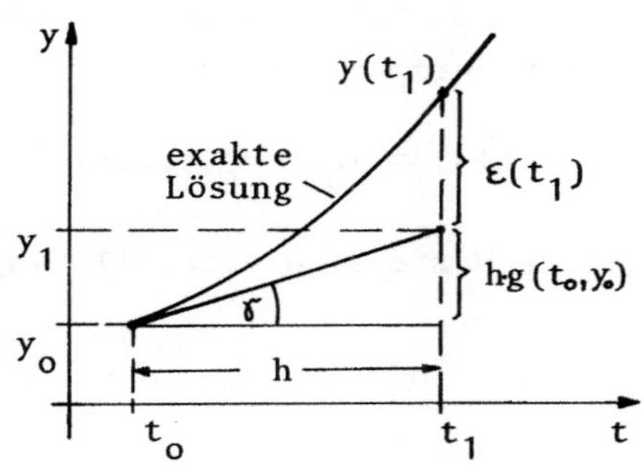

angegeben wird.
Durch Einsetzen von (2) in (1) erhalten wir die Steigung γ (Ableitung) der gesuchten Funktion im Punkt $(t_o,\, y_o)$. Das Polygonzugverfahren hält im Gegensatz zur exakten Lösung diese

Steigung in einem Intervall der Länge $\Delta t = h$ konstant und nimmt den Wert

$$y_1 = y_0 + h \cdot g(t_0, y_0) \tag{3}$$

als Näherungswert für $y(t_1)$ mit

$$t_1 = t_0 + h. \tag{4}$$

Man kann zeigen, daß der Fehler

$$\varepsilon(t_1) = y_1 - y(t_1) \tag{5}$$

beim Polygonzugverfahren proportional zur Schrittweite h ist. Will man den Verfahrensfehler ε verkleinern, so muß man die Verfahrenskonstante h kleiner machen. Dies bedeutet eine Vergrößerung des Rechenaufwandes, da mehr Integrationsschritte nach (3) bis zum Erreichen einer Endabszisse benötigt werden. Für die praktische Rechnung muß man daher einen Kompromiß zwischen Rechenaufwand und Genauigkeit eingehen.
Für die Dgl. (1) mit dem Anfangswert $y(0) = 0$ sind die Ergebnisse der Rechnung in der folgenden Tabelle eingetragen und mit der exakten Lösung (vgl. Abschnitt 2.1.2.2 (11))

$$y(t) = t - 1 + e^{-t}$$

verglichen.
Man erkennt, daß sich bei Halbierung der Schrittweite der Fehler an vergleichbaren x-Werten ebenfalls (näherungsweise) halbiert hat. Bei der praktischen Rechnung ist natürlich die Spalte mit den ε-Werten nicht bekannt. Dennoch kann man eine Vorstellung von der Größe des Verfahrensfehlers bekommen, wenn man die Näherungswerte vergleicht, die bei einer Schrittweite H und der Schrittweite $h = H/2$ errechnet werden. Für das Polygonzugverfahren gilt dabei

$$\varepsilon(t) \approx y_H - y_h = \text{KOR}. \tag{6}$$

Diese Werte sind ebenfalls in der Tabelle eingetragen.

t	y	g(t, y)	ε	KOR
Schrittweite H = 0.2				
0.000	0.000	0.000	0.000	
0.200	0.000	0.200	-0.019	
0.400	0.040	0.360	-0.030	
0.600	0.112	0.488	-0.037	
0.800	0.210	0.590	-0.040	
1.000	0.328	0.672	-0.040	
Schrittweite h = 0.1				
0.000	0.000	0.000	0.000	0.000
0.100	0.000	0.100	-0.005	
0.200	0.010	0.190	-0.009	-0.010
0.300	0.029	0.271	-0.012	
0.400	0.056	0.344	-0.014	-0.016
0.500	0.090	0.410	-0.016	
0.600	0.131	0.469	-0.017	-0.020
0.700	0.178	0.522	-0.018	
0.800	0.230	0.570	-0.019	-0.021
0.900	0.287	0.613	-0.019	
1.000	0.349	0.651	-0.019	-0.021

Dabei ist $g(t, y) = -y + t$; $\varepsilon = y - y(t)$; $KOR = y_{0.2} - y_{0.1}$.

5.2 Das Flußdiagramm

Das Polygonzugverfahren, beschrieben durch (3) und (4), ist wegen seines einfachen Aufbaues für programmierbare Taschenrechner mit nur wenigen Programmlinien und wenigen Datenspeichern gut geeignet. Um die geringe Rechengenauigkeit auszugleichen, wollen wir uns für die Programmierung lediglich den "Komfort" leisten, daß jeweils erst nach m Schritten der errechnete y-Wert zur Anzeige gebracht wird. Wir entwickeln zunächst ein Flußdiagramm für ein Programm, mit dem wir alle bisher behandelten Schaltungen mit einem Energiespeicher behandeln können, ganz gleich, ob es sich um Einschalt- oder Ausschaltvorgänge handelt. Wir müssen im konkreten Fall lediglich ein Unterprogramm für die "rechte Seite" $g(t, y)$ der Dgl. $y' = g(t, y)$ hinzufügen. Es gelten die Formeln

Start: t_o, y_o.

$$\left.\begin{aligned} \text{Rechenschritt: } t_k &:= t_{k-1} + h \\ y_k &:= y_{k-1} + h\cdot g(t_{k-1}, y_{k-1}) \end{aligned}\right\} \text{ für } k = 1, \ldots, m \qquad (8)$$

Anzeige: t_m, y_m.

Der Index k dient lediglich der Zählung der Einzelschritte. Für die Programmierung ist es geschickter, ihn durch $K = m + 1 - k$ mit der Zuordnung

k	1	m
K	m	1

zu ersetzen, sodaß K rückwärts läuft.

Damit erhalten wir das Flußdiagramm

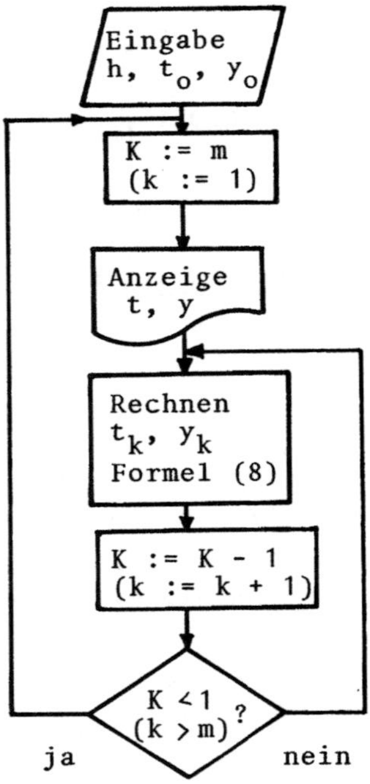

Eingabe: Schrittweite $h \to h$
Anfangswerte $t_o \to t$
$y_o \to y$

Zählindex setzen

Anzeige (Druck) von t und y alle m Schritte

Neue Werte nach Polygonzugverfahren (8) berechnen:
$y + h\cdot g(t, y) \to y$
$t + h \to t$

Zählindex ändern

Zählindex testen

$:=$ lies "ergibt sich zu" mit der Bedeutung: Man berechne den rechts vom Ergibtzeichen stehenden Ausdruck und speichere diese Zahl nach der links stehenden Variablen.

Benötigt werden Datenspeicher für die Variablen t, y, h und K. Die Größe m kann, um Datenspeicher einzusparen, in die Programmschritte eingearbeitet werden.

5.3 Programme

Wir geben im Folgenden die Programmschritte für die Taschenrechner hp 25, hp 67, hp 97, SR 52 und SR 56 der Hersteller HEWLETT PACKARD und TEXAS INSTRUMENTS an.

5.3.1 Taschenrechner hp 25

5.3.1.1 Bedienungsanweisung

für Dgl. erster Ordnung Polygonzug.

Nr.	Anweisung	Werte	Tasten	Anzeige
1	Eingeben Programm Line 35 - 49 dabei sind in Line 44 - 46 die Zahlenwerte für den Druckzähler m einzugeben.			
2	"rechte Seite" für y' = g(t, y) in Line 01 - 34 eingeben.			
3	Anfangswerte	t_o	STO 0	t
		y_o	STO 1	y
4	Schrittweite	h	STO 2	h
			GTO 4 4	
5	Rechnung		R/S	t
	wenn y-Wert gewünscht		R↓	y
	(Der STACK darf verändert werden.)			
	Fortsetzung der Rechnung bei 5			
6	Soll die Schrittweite geändert werden, wieder bei 4 beginnen.			

5.3.1.2 Programm

Line	Code	Tasten	x	y	z	Kommentar
00			t	y	m	Anzeige
01						
02						
03						$y' = g(t, y) \rightarrow$ x-Register t auf R0 y auf R1
.						
.						
.						
.						
.						
.						
34			g			
35	2402	RCL2	h	g		
36	235100	STO+0				t := t + h
37	61	x	h·g			
38	235101	STO+1				y := y + h·g
39	01	1	1	h·g		
40	234103	STO-3				K := K - 1
41	2403	RCL3	K	1	h·g	
42	1451	f x≥y				K < 1 ?
43	1301	GTO01				
44	01	1	m			START
45	33	EEX				$m = 1 \cdot 10^1 = 10$
46	01	1	m			
47	2303	STO3				K := m
48	2401	RCL1	y	m		
49	2400	RCL0	t	y	m	

Speicherzuordnung:

Register	Inhalt
R0	t
R1	y
R2	h
R3	K
R4 - R7	frei

Für den Zähler m sind die drei Programmlinien Line 44 - 46 vorgesehen. Mögliche andere Programmierungen sind z.B.

2		oder 0	
EEX		1	
1	für $m = 2 \cdot 10^1 = 20$	5	für m = 15.

Für die "rechte Seite" g(t, y) stehen insgesamt 34 Programmlinien zur Verfügung. Die Argumente stehen in den Registern R_o bzw. R_1. Der Wert g muß im x-Register stehen, bevor das Programm mit line 35 fortgesetzt wird.

5.3.1.3 Beispiel

Das obige Beispiel y' = g(t, y) = t - y ergibt sich mit

Line	Tasten
01	RCLO
02	RCL1
03	-
04	GTO35

und den Vorbereitungsschritten:

Werte	Tasten	Anzeige
0	STO 0	t_o
0	STO 1	y_o
0.1	STO 2	h
	GTO 4 4	
	R/S	t = 0.000
	R↓	y = 0.000
	R/S	t = 1.000
	R↓	y = 0.349

5.3.2 Taschenrechner hp 67/Tischrechner hp 97

Das Programm ähnelt dem für den hp 25 sehr. START bei Label A. Beginn des Unterprogramms für g(t, y) bei Label a. Beim Rücksprung RTN muß g im x-Register stehen.

5.3.2.1 Bedienungsanweisung

für Dgl. erster Ordnung Polygonzug.

Nr.	Anweisung	Werte	Tasten	Anzeige
1	Eingeben Programm Line 001 - 019			
2	"rechte Seite" für y' = g(t, y) als Unterprogramm ab Line 020 eingeben.			
3	Anfangswerte	t_o	STO 0	t
		y_o	STO 1	y
4	Schrittweite	h	STO 2	h
	Druckzähler	m	STO E	m
5	Rechnung		A	t, y
6	Soll die Schrittweite geändert werden, wieder bei 4 beginnen.			

5.3.2.2 Programm

Line	Tasten	Kommentar
001	LBL A	START
002	RCL E	
003	STO 3	K := m
004	RCL 0	
005	PRT X	Druck t
006	RCL 1	
007	PRT X	Druck y
008	LBL 0	
009	GSB a	Unterprogramm g(t, y)
010	RCL 2	
011	STO+0	t := t + h
012	x	
013	STO+1	y := y + h·g
014	1	
015	STO-3	K := K - 1
016	RCL 3	
017	x > 0	K > 0 ?
018	GTO 0	
019	GTO A	

Speicherzuordnung:

Register	Inhalt
R0	t
R1	y
R2	h
R3	K
RE	m

Unterprogramm für y' = g(t, y):

Line	Tasten
020	LBL a
......	
	RTN

g(t, y) → x-Register

Beim Rücksprung RTN muß g im x-Register stehen.

5.3.2.3 Beispiel

Das obige Beispiel y' = g(t, y) = t - y ergibt sich mit

Line	Tasten
020	LBL a
021	RCL 0
022	RCL 1
023	-
024	RTN

und den Vorbereitungsschritten:

Werte	Tasten	Anzeige
2	STO E	m
0.1	STO 2	h
0	STO 0	t
0	STO 1	y
	A	t, y

5.3.3 Taschenrechner SR 56

5.3.3.1 Bedienungsanweisung

für Dgl. erster Ordnung Polygonzug.

Nr.	Anweisung	Werte	Tasten	Anzeige
1	Eingeben Programm Line 00 - 31			
2	Unterprogramm für "rechte Seite" g(t, y) ab Line 32 eingeben			
3	Anfangswerte	t_o	STO 0	t
		y_o	STO 1	y
4	Schrittweite	h	STO 2	h
	Druckzähler	m	STO 8	m
			RST	
5	Rechnung		R/S	t
	wenn y-Wert gewünscht: Fortsetzung der Rechnung bei 5.		x ↔ t	y
6	Soll die Schrittweite geändert werden, wieder bei 4 beginnen.			

5.3.3.2 Programm

Speicherzuordnung:

Register	Inhalt
R0	t
R1	y
R2	h
R3	K
R8	m

Unterprogramm für y' = g(t, y):

Line	Tasten	
32		
......		g(t, y) → x-Register
	*rtn	

Beim Rücksprung *rtn muß g im x-Register stehen.

Line	Taste	Kommentar
00	RCL	
01	8	m
02	STO	
03	3	K := m
04	RCL	
05	1	
06	x ↔ t	y zum t-Register
07	RCL	
08	0	
09	R/S	Anzeige t
10	* subr	Aufruf Unterprogramm
11	3	
12	2	g
13	x	
14	RCL	
15	2	h
16	SUM	
17	0	t := t + h
18	=	h·g
19	SUM	
20	1	y := y + h·g
21	1	
22	INV	
23	SUM	
24	3	K := K - 1
25	x ↔ t	1 zum t-Register
26	RCL	
27	3	K
28	* x ≥ t	K ≥ 1 ?
29	1	
30	0	
31	RTS	

Start bei 00.

5.3.3.3 Beispiel

Das obige Beispiel y' = t - y ergibt sich mit

Line	Tasten
32	RCL
33	0
34	-
35	RCL
36	1
37	=
38	*rtn

und den Vorbereitungsschritten:

Werte	Tasten	Anzeige
0	STO 0	t_o
0	STO 1	y_o
0.1	STO 2	h
10	STO 8	m
	RST	
	R/S	t = 0.000
	x ↔ t	y = 0.000
	R/S	t = 1.000
	x ↔ t	y = 0.349

5.3.4 Taschenrechner SR 52

5.3.4.1 Bedienungsanweisung
für Dgl. erster Ordnung Polygonzug.

Nr.	Anweisung	Werte	Tasten	Anzeige
1	Eingeben Programm Line 000 - 041			
2	Unterprogramm für "rechte Seite" g(t, y) ab Line 042 eingeben			
3	Anfangswerte	t_o	STO 00	t
		y_o	STO 01	y
4	Schrittweite	h	STO 02	h
	Druckzähler	m	STO 08	m
5	Rechnung		A	t
			RUN	y
			RUN	
6	Soll die Schrittweite geändert werden, wieder bei 4 beginnen.			

5.3.4.2 Programm

Speicherzuordnung:

Register	Inhalt
R00	t
R01	y
R02	h
R03	K
R08	m

Unterprogramm für y' = g(t, y):

Line	Tasten	
042	*LBL	
	*A'	
......	}	g(t, y) → x-Register
	*rtn	

Beim Rücksprung *rtn muß g im x-Register stehen.

Line	Tasten	Kommentar
000	* LBL	
001	A	
002	RCL	
003	0	
004	8	m
005	STO	
006	0	
007	3	K := m
008	RCL	
009	0	
010	0	t
011	HLT	Anzeige t
012	RCL	
013	0	
014	1	y
015	HLT	Anzeige y
016	* LBL	
017	* 0	
018	* A'	Unterprogramm g aufrufen
019	x	
020	RCL	

021	0	
022	2	h
023	SUM	
024	0	
025	0	t := t + h
026	=	h·g
027	SUM	
028	0	
029	1	y := y + h·g
030	1	
031	INV	
032	SUM	
033	0	
034	3	K := K - 1
035	RCL	
036	0	
037	3	K
038	* if zro	K < 0 ?
039	A	
040	GTO	
041	* 0	

Start bei A.

5.3.4.3 Beispiel

Das obige Beispiel y' = t - y ergibt sich mit

Line	Tasten
042	* LBL
043	*A'
044	RCL
045	0
046	0
047	-
048	RCL
049	0
050	1
051	=
052	* rtn

und den Vorbereitungsschritten:

Werte	Tasten	Anzeige
0	STO 00	t_o
0	STO 01	y_o
0.1	STO 02	h
10	STO 08	m
	A	t = 0.000
	RUN	y = 0.000
	RUN	t = 1.000
	RUN	y = 0.349

6 Numerische Berechnungsbeispiele von Schaltungen mit einem Energiespeicher

Wir benutzen das allgemeine Programm für y' = g(t, y) nach Abschnitt 5.3 zur Berechnung spezieller Schaltungen. Dazu entwickeln wir für jeden Schaltungstyp ein allgemeines Unterprogramm für die "rechte Seite", das zur Ergänzung des Programms für die "Dgl. erster Ordnung" dient. Die Möglichkeiten des hp 25 - vier freie Datenregister und 34 freie Programmlinien - begrenzen dabei die Komplexität des Problems. Die Übertragung des Unterprogramms auf die anderen Rechner macht keine Schwierigkeiten.

6.1 Das RC-Glied

Wir untersuchen sofort das belastete RC-Glied nach Abschnitt 2.1.3, ohne es jedoch auf eine Ersatzschaltung zu reduzieren.

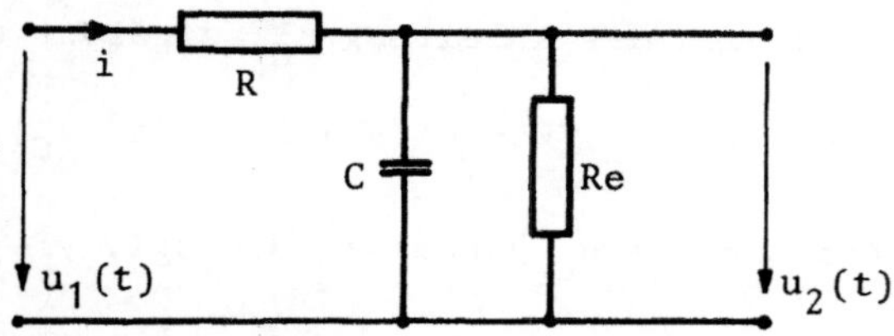

Im Programm werden drei Speicherplätze für die Parameter R, Re und C vorgesehen sowie Programmlinien für die von der Zeit t abhängende Eingangsspannung $u_1(t)$, die beliebig gewählt werden kann. Im Gegensatz zur exakten Lösung brauchen wir beim numerischen Verfahren keine aus der Integrierbarkeit herrührenden Einschränkungen für u_1 hinzunehmen. Es genügt vorauszusetzen, daß $u_1(t)$ eine stetige Funktion ist. Selbst unstetige Eingangsspannungen $u_1(t)$ können bearbeitet werden, wenn man im Bereich der Sprungstelle die Verfahrensschrittweite h hinreichend klein wählt. Solche Sprungstellen ergeben sich z.B., wenn man zu einem Zeitpunkt $t = t_o$ die Spannungsquelle ein- bzw. ausschaltet.

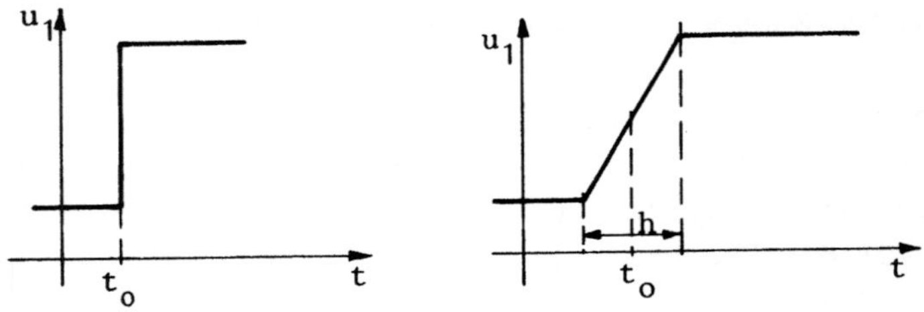

Das Polygonzugverfahren reagiert so, als ob die Sprungstelle durch eine Rampe mit der Anstiegszeit $\Delta t = h$ ersetzt würde. Wählt man daher die Schrittweite h im Bereich der Schaltstelle gleich der Schaltzeit des (physikalischen) Schalters, so gibt die Rechnung den (physikalischen) Vorgang genau wieder.
Die Kirchhoffsche Regel liefert für $u_C = u_2(t)$:

$$u_1(t) = i(t) \cdot R + u_C$$

und

$$i(t) = C \cdot u_C' + u_C/Re.$$

Eingesetzt und nach der Ableitung u_C' aufgelöst ergibt sich

$$u_C' = ((u_1(t) - u_C)/R - u_C/Re)/C = g(t, u_C). \quad (1)$$

Mit der Zuordnung $y = u_C$ haben wir die Dgl. $y' = g(t, y)$ gefunden.
Damit erhalten wir:

Speicherzuordnung:

Register	Inhalt
R0	t
R1	$y = u_C$
R2	h
R3	K
R4	R
R5	Re
R6	C
R7	frei

Programm (zusätzlich zu Abschnitt 5.3.1) für (1)

Line	Tasten
01 bis 24	$u_1(t) \rightarrow$ x-Register
25	RCL 1
26	-
27	RCL 4
28	./.
29	RCL 1
30	RCL 5
31	./.
32	-
33	RCL 6
34	./.

Die Programmlinien 01 bis 24 stehen ebenso wie das Register R7 für die Programmierung der jeweiligen Eingangsspannung $u_1(t)$ zur Verfügung. Das Programm liefert im allgemeinen Fall den Umschaltvorgang, wobei der Anfangswert $u_C(t_o)$ den Zustand der Speichergröße u_C zum Zeitpunkt t_o und $u_1(t)$ die Eingangsspannung für $t \geq t_o$ wiedergibt.
Eine gesonderte Behandlung von Einschalt- und Ausschaltvorgang ist nicht notwendig. Der Einschaltvorgang ist dadurch charakterisiert, daß der Anfangswert $u_C(t_o) = 0$ gesetzt wird. Den Ausschaltvorgang erhält man für $u_C(t_o) = U_{Co}$ und $u_1(t) = 0$, d.h. Kurzschluß von u_1 bzw. $R = 10^{42} \approx \infty$, d.h. Abtrennen von u_1.
Wir vervollständigen das Programm jetzt für verschiedene Eingangsspannungen.

6.1.1 Gleichspannung

Wir setzen $u_1(t) = U$.

Zusätzliche Speicherzuordnung:

Register	Inhalt
R7	U

Zusätzliches Programm:

Line	Tasten
01	RCL 7
02	GTO 25

Wir rechnen folgenden Fall durch: R = 1 MOhm, Re = 500 kOhm, C = 1 µF. Zum Zeitpunkt t = 0 sei u_C = 0 und U = 100 V. Wir rechnen mit Schrittweite h = 0.01 und m = 10 bis t = 0.7 sek (Einschaltvorgang). An diesem Zeitpunkt ändern wir die Eingangsspannung auf u_1 = 0 V und rechnen mit dem Wert $u_C(0.7)$ als Anfangswert weiter (Ausschaltvorgang).

Vorbereitende Schritte:
Programm Line 01 - 02, 25 - 34, 35 - 49 eingeben (vgl. Abschnitt 6.1.1, 6.1 und 5.3.1).

Parameter	R	1 EEX 6 STO 4
	Re	5 EEX 5 STO 5
	C	1 EEX CHS 6 STO 6
	U	100 STO 7
Anfangswert	t	0 STO 0
	u_C	0 STO 1
Schrittweite	h	0.01 STO 2
		GTO 44 R/S

Damit erhalten wir:

t	R↓ u_C	R/S
0.00	0.00	
0.10	8.75	
0.20	15.21	Einschalt-vorgang
0.30	19.97	
0.40	23.48	
0.50	26.06	
0.60	27.97	
0.70	29.38	jetzt 0 STO 7 R/S
0.80	21.67	
0.90	15.98	
1.00	11.78	Ausschalt-vorgang
1.10	8.69	
1.20	6.41	

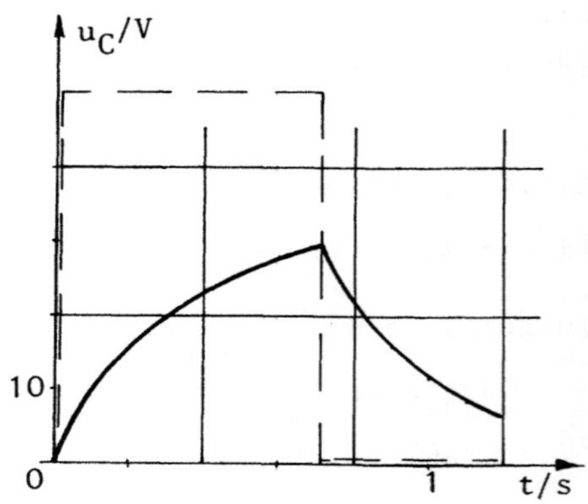

6.1.2 Rampenspannung

Wir setzen

$$u_1(t) = k \cdot t.$$

Gegenüber 6.1.1 ändern wir lediglich:

Zusätzliche Speicherzuordnung:

Register	Inhalt
R7	k

Zusätzliches Programm:

Line	Tasten
01	RCL 7
02	RCL 0
03	x
04	GTO 25

und erhalten für k = 100 und t = 0, u_C = 0:

t	u_C	
0.00	0.00	
0.10	0.42	
0.20	1.60	Einschaltvorgang
0.30	3.34	
0.40	5.51	
0.50	7.98	– jetzt (k = 0) 0 STO 7 R/S
0.60	5.88	
0.70	4.34	
0.80	3.20	Ausschaltvorgang
0.90	2.36	
1.00	1.74	

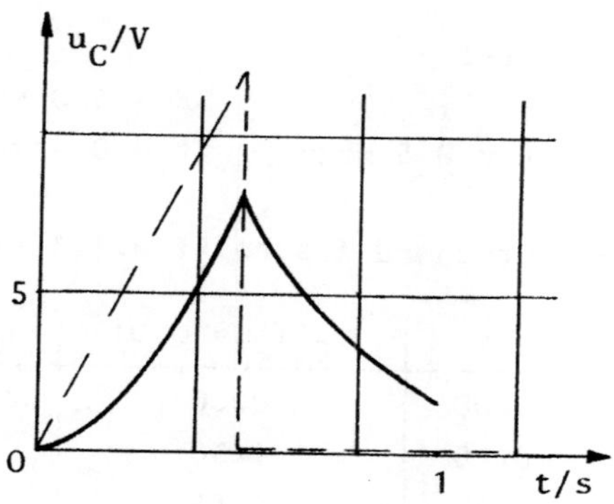

6.1.3 Wechselspannung

6.1.3.1 Sinusspannung

Wir setzen $u_1(t) = U \cdot \sin(2 \cdot \pi \cdot f \cdot t)$. Da wir nur ein Register frei haben, arbeiten wir U = 100 V in die Programmlinien ein und speichern die Frequenz f in R7.

Zusätzliche Speicherzuordnung

Register	Inhalt
R7	f

Zusätzliches Programm:

Line	Tasten
01	g RAD
02	2
03	g π
04	x
05	RCL 7
06	x
07	RCL 0
08	x
09	f SIN
10	1 } U
11	0 } U
12	0 } U
13	x
14	GTO 25

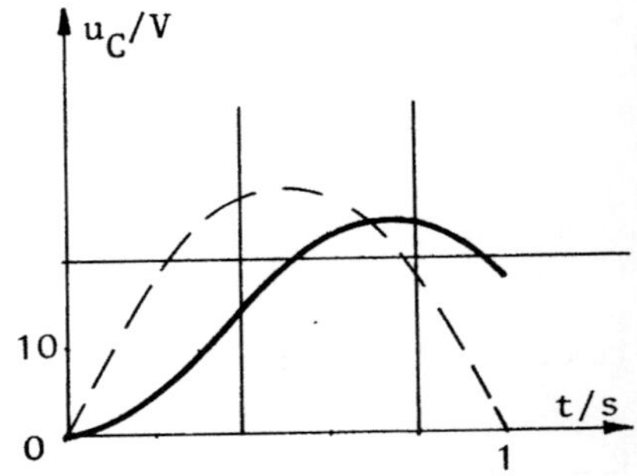

Beispiel:

R = 1 MOhm; Re = 500 kOhm; C = 1 µF;

f = 0.5 Hz; t = 0 sek; u_C = 0 V.

Entsprechend Abschnitt 6.1.1 erhalten wir:

t	u_C (h = 0.01)	u_C (h = 0.02)	KOR
0.00	0.00	0.00	0.00
0.10	1.30		
0.20	4.85	4.69	-0.16
0.30	9.96		
0.40	14.88	14.77	-0.11
0.50	19.58		
0.60	23.06	23.09	+0.03
0.70	24.80		
0.80	24.50	24.68	+0.18
0.90	22.08		
1.00	17.72	17.96	+0.24

Die KOR-Werte nach Abschnitt 5.1 (6) zeigen, daß die Rechnung mit der Schrittweite h = 0.01 für t = 1.00 einen Fehler der

Größenordnung 0.24 aufweist. Für höhere Genauigkeit müßte man h verkleinern.
Durch einfache Änderung bekommt man das Programm für einen Rechteckgenerator.

6.1.3.2 Rechteckspannung

Wir setzen

$$u_1(t) = U \cdot \mathrm{sign}(\sin(2 \cdot \pi \cdot f \cdot t)).$$

Mit U = 100 und f in R7 gilt:

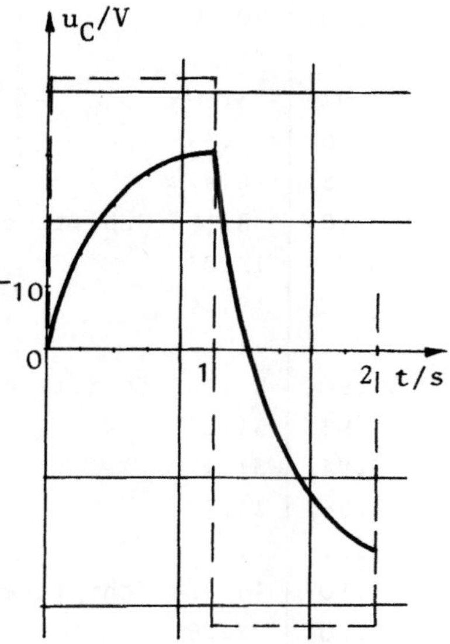

Zusätzliches Programm:

Line	Tasten	Kommentar
01	g RAD	
02	2	
03	g π	
04	x	
05	RCL 7	
06	x	
07	RCL 0	
08	x	
09	f SIN	
10	g ABS	
11	f LAST	$\mathrm{sign}(x) = \begin{cases} +1 \\ 0 \\ -1 \end{cases}$ für $\begin{cases} x > 0 \\ x = 0 \\ x < 0 \end{cases}$ (Zeilen 10–13)
12	g x ≠ 0	
13	./.	
14	1	
15	0	U (Zeilen 14–16)
16	0	
17	x	
18	GTO 25	

Wegen der Unstetigkeit der "rechten Seite" sollte man die Schrittweite kleiner wählen als zuvor, wenigstens im Bereich der Sprungstellen.

Beispiel:

$R = 1$ MOhm; $Re = 500$ kOhm; $C = 1\ \mu F$;
$f = 0.5$ Hz; $t = 0$; $u_C = 0$;
$h = 0.002$.

Wir erhalten:

t	u_C	
0.00	0.00	
0.02	1.76	
0.04	3.60	
0.06	5.34	
0.08	6.97	
0.10	8.51	Schrittweite ändern: 0.01 STO 2 R/S
0.20	15.03	
0.30	19.84	
.....	.....	
0.90	31.16	Schrittweite: 0.002 STO 2 R/S
0.92	31.29	
0.94	31.41	
0.96	31.52	
.....	.....	
1.10	14.97	Schrittweite: 0.01 STO 2 R/S
1.20	2.29	
1.30	-7.07	

Einen Dreieckgenerator erhält man für

$$u_1(t) = U \cdot 2/\pi \cdot \sin^{-1}(\sin(2 \cdot \pi \cdot f \cdot t)).$$

6.1.4 Einweggleichrichtung

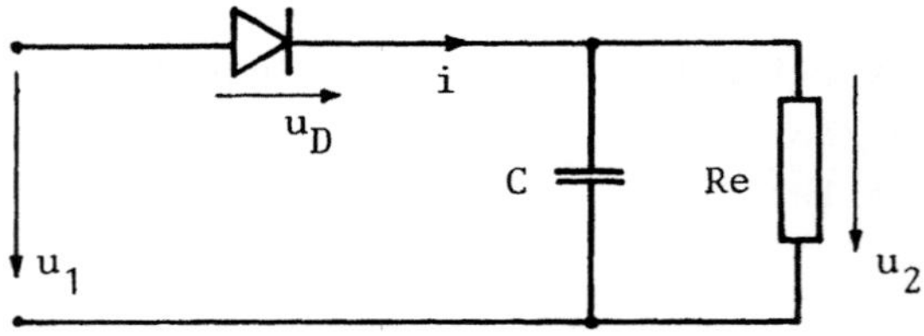

Für die Diode wird - vereinfachend - angenommen:

$$i = \begin{cases} u_D/R & \text{für } u_D \geq 0; \\ 0 & \text{für } u_D < 0. \end{cases} \qquad R = \text{konstanter Durchlass-widerstand}$$

Die Dgl. (1) ändert sich somit in

$$u_C' = (i(t) - u_C/Re)/C = g(t, u_C) \tag{1a}$$

mit

$$u_D(t) = u_1(t) - u_C(t)$$

und

$$i(t) = \begin{cases} u_D(t)/R & \text{für } u_D(t)/R \geq 0 \\ 0 & \text{sonst.} \end{cases}$$

Das Programm von Abschnitt 6.1 ändert sich bei gleichbleibender Speicherzuordnung in

Programm (zusätzlich zu Abschnitt 5.3.1.):

Line	Tasten	Kommentar
01 bis 22		$u_1(t) \rightarrow$ x-Register
23	RCL 1	
24	-	u_D
25	RCL 4	
26	./.	u_D/R } eingefügt
27	x < 0	} eingefügt
28	0	i := 0 } eingefügt
29	RCL 1	
30	RCL 5	
31	./.	
32	-	
33	RCL 6	
34	./.	

Mit dem Sinusgenerator

$$u_1(t) = U \cdot \sin(2 \cdot \pi \cdot f \cdot t), \; U = 100 \text{ V}$$

und der Frequenz f in R7 ergibt sich das zusätzliche Programm von Abschnitt 6.1.3.1. Lediglich in Line 14 muß es jetzt GTO 23 heißen. Für h = 0.0001 ergibt sich mit

$R = 100$ Ohm → R4
$Re = 100$ Ohm → R5
$C = 100\ \mu F$ → R6
$f = 50$ Hz → R7
$t = 0$ sek → R0
$u_C = 0$ V → R1

t	u_C
0.0000	0.0
0.0010	1.3
0.0020	5.1
......	
0.0075	31.4
0.0080	31.5
0.0085	31.1
......	
0.0190	11.0
0.0200	9.9
0.0205	9.5
0.0210	9.6
0.0215	10.5
......	
0.0270	33.1
0.0275	33.6
0.0280	33.6
0.0285	32.9
......	

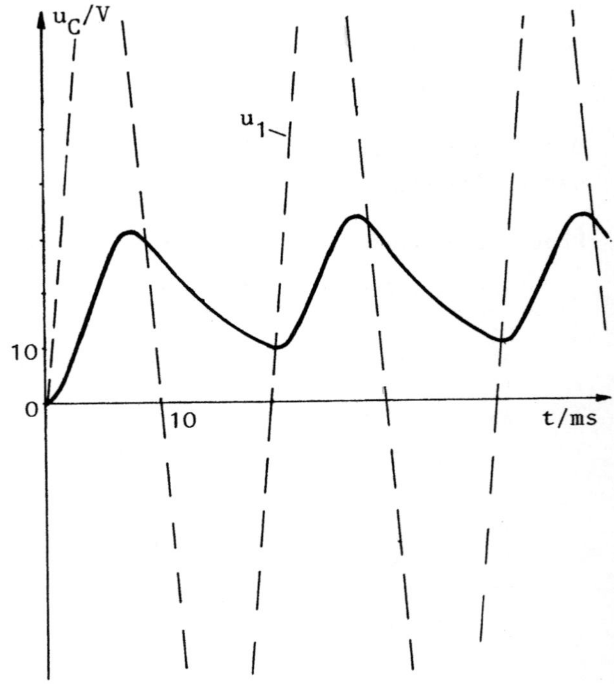

6.2 Das RL-Glied

Wir untersuchen sofort den Spannungsteiler mit Spule, das einfache RL-Glied ergibt sich für Re → ∞.

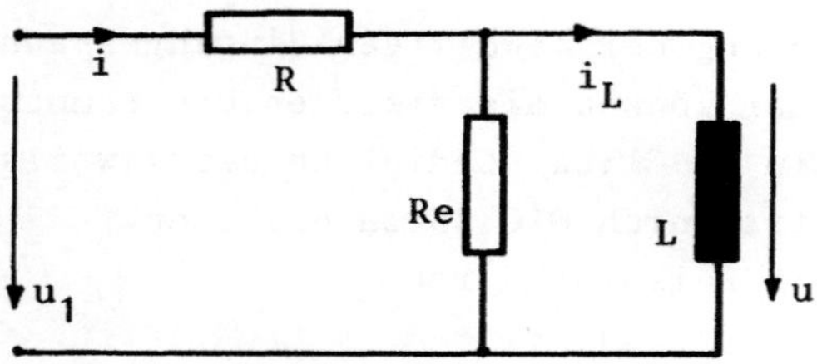

Die Kirchhoffsche Regel liefert

$$u_1(t) = i \cdot R + u$$

und

$$u = L \cdot i_L' \quad \text{sowie}$$

$$u = (i - i_L) \cdot Re.$$

Somit

$$u_1(t) = (u/Re + i_L) \cdot R + u = i_L \cdot R + (1 + R/Re) \cdot L \cdot i_L'$$

und aufgelöst nach Ableitung i_L'

$$i_L' = (u_1(t) - i_L \cdot R)/(L \cdot (1 + R/Re)) = g(t, i_L). \qquad (2)$$

Mit der Zuordnung $y = i_L$ haben wir die Dgl. $y' = g(t, y)$ gefunden. Damit erhalten wir

Speicherzuordnung:

Register	Inhalt
R0	t
R1	i_L
R2	h
R3	K
R4	R
R5	Re
R6	L
R7	frei

Programm (zusätzlich zu 5.3.1) für (2):

Line	Tasten
01 bis 22	$u_1(t) \rightarrow$ x-Register
23	RCL 1
24	RCL 4
25	x
26	-
27	RCL 4
28	RCL 5
29	./.
30	1
31	+
32	RCL 6
33	x
34	./.

Die Programmlinien 01 bis 22 stehen ebenso wie Register R7 für die Programmierung der jeweiligen Eingangsspannung $u_1(t)$ zur Verfügung. Dafür können die gleichen Programmzusätze benutzt werden wie beim RC-Glied. Lediglich der jeweils letzte Befehl GTO 25 ist jetzt durch GTO 23 zu ersetzen.
Wir rechnen ein Beispiel durch:

6.2.1 Einschalten einer Gleichspannung

Wir setzen

$u_1(t) = U$ (vgl. Abschnitt 6.1.1).

Zusätzliche Speicherzuordnung:

Register	Inhalt
R7	U

Zusätzliches Programm:

Line	Tasten
01	RCL 7
02	GTO 23

Es sei
$R = 100$ Ohm, $Re = 50$ Ohm, $L = 10$ mH und zum Zeitpunkt $t = 0$ sei $i_L = 0$ und $U = 10$ V.

Wir rechnen mit der Schrittweite $h = 1 \cdot 10^{-5}$ und $m = 10$.

Vorbereitende Schritte:

Programm: Line 01 - 02, 23 - 34, 35 - 49 eingeben (vgl. Abschnitte 6.2.1, 6.2 und 5.3.1).

Paramter:	R	100	STO 4	
	Re	50	STO 5	
	L	0.01	STO 6	
	U	10	STO 7	
Anfangswert:	t	0	STO 0	
	i_L	0	STO 1	
Schrittweite:	h	EEX	CHS 5	STO 2
	GTO	4 4	R/S	

Damit erhalten wir:

t R↓	i_L R/S
0.0000	0.0000
0.0001	0.0288
0.0002	0.0492
0.0003	0.0638
0.0004	0.0742
0.0005	0.0816
0.0006	0.0869
0.0007	0.0907
0.0008	0.0934
0.0009	0.0953
0.0010	0.0966 (exakt: 0.09643)

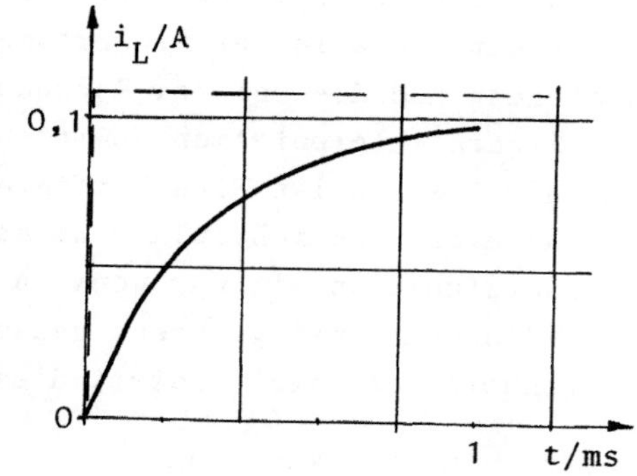

Der Leser möge die entsprechenden Rechnungen für den Sinus- und Rechteckgenerator selbst durchführen (vgl. Abschnitt 6.1.3).

Wir wollen jetzt die Möglichkeit der numerischen Methode ausnutzen und Fälle mit variablem R (Abschnitt 6.2.2) bzw. variablem L (Abschnitt 6.2.3) untersuchen. Wir verlassen damit den für geschlossene Lösungen zugänglichen Fall der linearen Dgl. mit konstanten Koeffizienten.

6.2.2 RL-Glied mit variablem R

Wir betrachten die Hintereinanderschaltung einer Drosselspule L, eines festen Widerstandes R und eines ohmschen Elementes W, das durch eine i/u-Kennlinie gegeben ist.

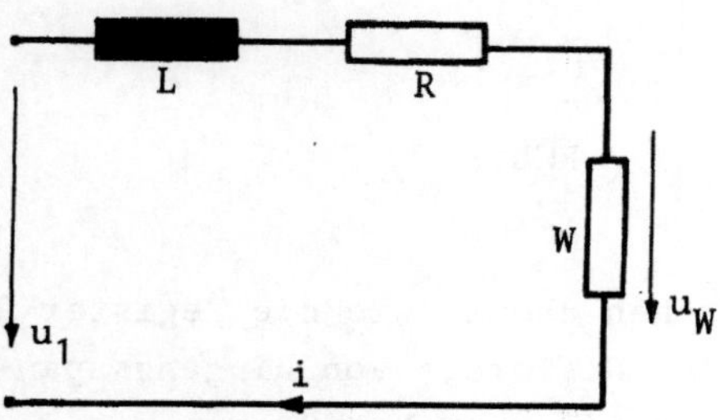

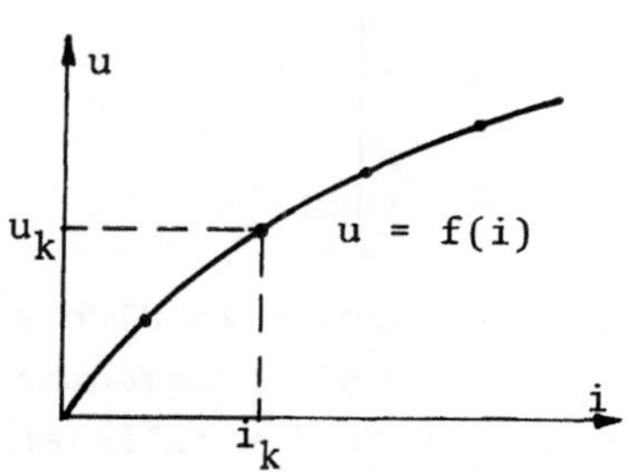

In der Praxis wird diese Kennlinie durch Messung für diskrete Punkte vorliegen.

Stehen im Rechner genügend Datenspeicher zur Verfügung, so kann man eine Tabelle der Meßwertpaare (i_k, u_k) (k = 1, 2, .., m) speichern und die bei der Rechnung benötigten Zwischenwerte durch lineare Interpolation gewinnen. Bei hinreichend engem Raster der i-Werte ist dies Verfahren genau genug.
Uns steht dieser Speicherplatz nicht zur Verfügung, sodaß wir eine Ersatzfunktion mit nur wenigen Parametern suchen müssen, die uns die Kennlinie genügend genau wiedergibt.
Die Kirchhoffsche Regel liefert diesmal:

$$u_1(t) = L \cdot i' + R \cdot i + u_W$$

und die Kennlinie ergibt:

$$u_W = f(i).$$

Aufgelöst nach der Ableitung i':

$$i' = (u_1(t) - f(i) - R \cdot i)/L = g(t, i). \qquad (3)$$

Damit haben wir für y = i die Dgl. y' = g(t, y) gefunden.
Wir erhalten:

Speicherzuordnung:

Register	Inhalt
R0	t
R1	i
R2	h
R3	K
R4	R
R5	L
R6	frei
R7	frei

Programm (zusätzlich zu 5.3.1) für (3):

Line	Tasten
01 bis 28	$(u_1(t) - f(i)) \rightarrow$ x-Register
29	RCL 1
30	RCL 4
31	x
32	-
33	RCL 5
34	./.

Die Programmlinien 01 bis 28 stehen ebenso wie die Register R6 und R7 für die Programmierung der Differenz von Eingangsspannung $u_1(t)$ und Kennlinienspannung f(i) zur Verfügung.
Wir betrachten Schaltungen mit einer Glühlampe bzw. einem Lichtbogen.

6.2.2.1 Glühlampe

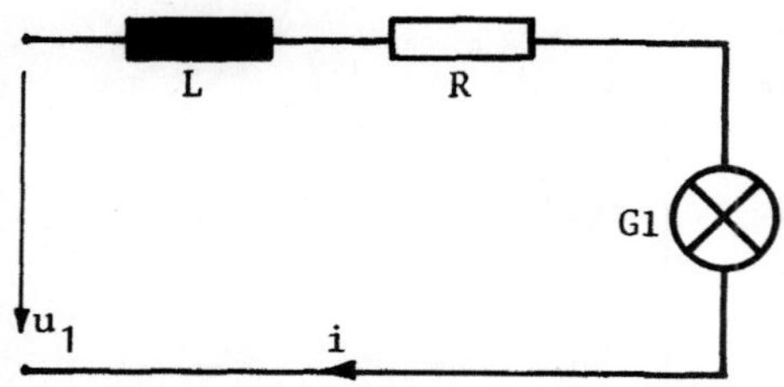

Durch Messungen wurden für die Glühlampe folgende Werte gefunden:

u/V	0	100	200
i/A	0.0	0.28	0.40

Die Funktion u = f(i) ist spiegelbildlich zum Nullpunkt. Daher machen wir den Ansatz

$$u = f(i) = (a \cdot i^2 + b) \cdot i. \tag{4}$$

Durch Einsetzen der Meßwerte ergeben sich die beiden Bedingungsgleichungen

$$(a \cdot 0.28^2 + b) \cdot 0.28 = 100$$
$$(a \cdot 0.40^2 + b) \cdot 0.40 = 200$$

für die noch zu bestimmenden Parameter a und b. Durch Auflösung des Gleichungssystems ergibt sich

$$a = 1751 \approx 1752 \quad \text{und} \quad b = 219.9 \approx 219.$$

Wir benutzen daher als Ersatzfunktion für die Glühlampenkennlinie

$$u = f(i) = 219 \cdot (8 \cdot i^2 + 1) \cdot i. \tag{4a}$$

Wir ergänzen das Programm von Abschnitt 6.2.2 und erhalten für die Glühlampe:

Line	Tasten	
01 bis 15		$u_1(t) \rightarrow$ x-Register
16	RCL 1	f(i) nach (4a)
17	x^2	
18	8	⋮

19	x	f(i) nach (4a)
20	1	
21	+	
22	RCL 1	
23	x	
24	2	
25	1	
26	9	
27	x	
28	-	$u_1(t) - f(i)$

29 bis 34 siehe Abschnitt 6.2.2

35 bis 49 siehe Abschnitt 5.3.1

Die Programmlinien 01 bis 15 und Register R6 und R7 stehen für die Eingangsspannung $u_1(t)$ zur Verfügung.
Wir betrachten das Einschalten einer Gleichspannung

$$u_1(t) = U.$$

Zusätzlicher Speicher:

Register	Inhalt
R7	U

Zusätzliches Programm:

Line	Tasten
01	RCL 7
02	GTO 1 6

Zahlenbeispiel:

U = 220 V → R7
R = 50 Ohm → R4
L = 2 H → R5

Anfangswerte:

t = 0 → R0
i(0) = 0 → R1

Schrittweite $h = 10^{-4}$ → R2.

m = 10.

t	i ($h = 10^{-4}$)
0.000	0.000
0.001	0.103
0.002	0.191
......	....
0.010	0.397

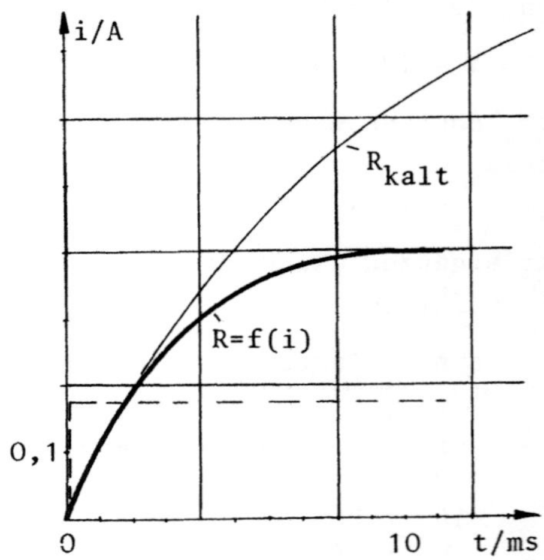

6.2.2.2 Lichtbogen

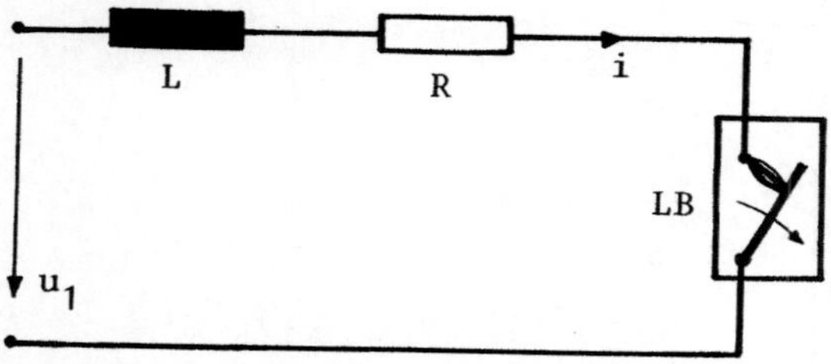

Durch Messung wurden für den Lichtbogen folgende Werte gefunden:

u/V	0	50	100	150	200	250	300
i/A	$\to\infty$	15.1	10	6.1	3.6	2.1	0.91
u_B	0	54	99	159	214	256	296

Die Schaltung gleicht der für die Glühlampe (Abschnitt 6.2.2.1), lediglich die Kennlinie des ohmschen Elements W (Abschnitt 6.2.2) weicht erheblich ab. Als Ersatzfunktion für die Kennlinie wählen wir

$$u_B = f(i) = 330 \cdot e^{-0.12 \cdot i}. \quad (5)$$

Deren Werte sind zur Kontrolle unter den gemessenen Werten eingetragen.

Für eine Gleichspannungsquelle $u_1(t) = U$ gehen wir jeweils vom kurzgeschlossenen Lichtbogen (Anfangswert: $i(0) = U/R$) aus und öffnen den Lichtbogen. Durch Rechnung untersuchen wir, ob der Lichtbogen in Abhängigkeit vom Reihenwiderstand R abreißt ($i \leq 0$) oder in stabilen Brennzustand übergeht.

Speicherzuordnung:

Register	Inhalt
R0	t
R1	i
R2	h
R3	K
R4	R
R5	L
R6	frei
R7	U

Programm zusätzlich zu Abschnitt 5.3.1:

Line	Tasten	
01	RCL 7	u_1
02	GTO 17	
17	RCL 1	f(i) nach (5) (Zeilen 17–27)
18	.	
19	1	
20	2	
21	x	
22	CHS	
23	e^x	
24	3	
25	3	
26	0	
27	x	
28	-	u_1 - f(i)

29 bis 34 siehe Abschnitt 6.2.2

35 bis 49 siehe Abschnitt 5.3.1

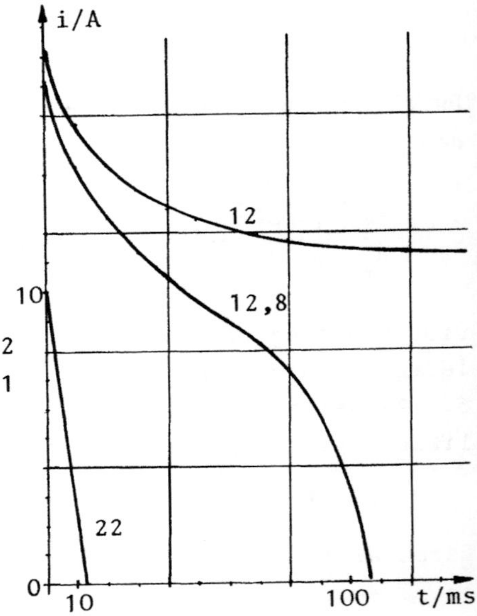

Mit

L = 0.1 H → R5

U = 220 V → R7

t = 0 → R0

R → R4

i = U/R → R1

$h = 2\cdot10^{-4}$ → R2 und m = 10

erhalten wir bei verschiedenen R-Werten

t	i (R = 22)	i (R = 12.8)	i (R = 12)
0.000	10.0	17.2	18.3
0.002	8.17	16.4	17.6
0.004	6.59	15.7	17.1
0.006	5.13	15.1	16.5
0.008	3.70	14.6	16.1
0.010	2.18	14.2	15.7
0.012	0.37	13.7	15.3
0.014	negativ	13.4	15.0
0.016		13.0	14.8
0.018		12.7	14.5
⋮	⋮	⋮	⋮

0.020	12.5	14.3
Änderung der Schrittweite: $h = 10^{-3} \rightarrow$ R2		
0.030	11.3	13.4
.....	....	....
0.100	3.2	11.5
0.110	negativ	11.388
.....		.....
0.200		11.020
.....		......
0.500		10.888
Lichtbogen	erloschen	brennt

6.2.3 RL-Glied mit variablem L (Eisendrossel)

Für eine Eisendrossel kann man ein Ersatzschaltbild aufstellen, das dem Spannungsteiler mit Spule (Abschnitt 6.2) entspricht.

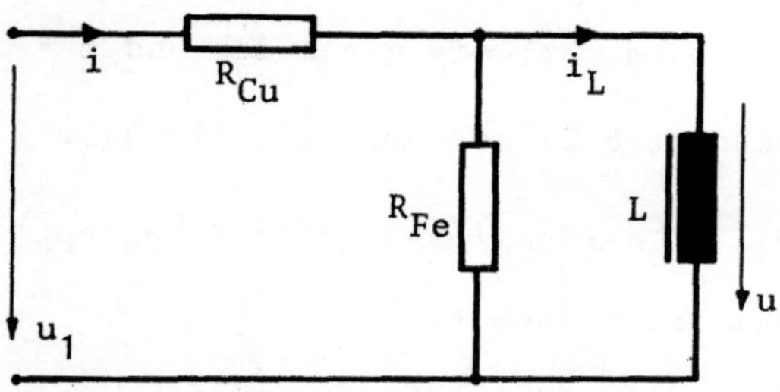

R_{Cu} repräsentiert dabei den (ohmschen) Widerstand der Kupferwicklung, während das zu L parallelgeschaltete R_{Fe} die (ohmschen) Verluste im Eisenkern wiedergibt. Die Induktivität der Spule L ist jedoch nicht mehr konstant, sondern hängt vom Spulenstrom i_L ab. Es gelten die Formeln

$$L = a \cdot \mu(H)$$
$$\mu(H) = B(|H|)/|H| \qquad (6)$$
$$H = b \cdot i_L$$

mit konstanten Parametern a und b, die von Windungszahl und Geometrie der Drossel abhängen.

Für die magnetische Flußdichte bekommt man bei Dynamoblech den folgenden Zusammenhang

H/A/m	0	100	200	300	400	500	700	1000	1200	1500
$B/Vs/m^2$	0.0	0.70	1.06	1.20	1.26	1.30	1.33	1.36	1.38	1.40

Eine für unsere Zwecke genügend genaue Näherung für B(H) bekommen wir durch den Ansatz

$$(B - d)\cdot(|H| - c) = e$$

für geeignet gewählte Parameter c, d, e.
Aus B(0) = 0 folgt $e = c \cdot d$ und damit

$$B = d\cdot|H| / (|H| - c). \qquad (7)$$

Mit B(1500) = 1.40 und B(200) = 1.06 ergibt sich

$$c = -78 \quad \text{und} \quad d = 1.47. \qquad (7a)$$

Aus (6) und (7) bekommen wir die Stromabhängigkeit der Induktivität zu

$$L = a\cdot\mu(H) = a\cdot B(|H|)/|H| = a\cdot d/(|H| - c) = a\cdot d/(b\cdot|i_L| - c).$$

Also

$$L(i_L) = q/(|i_L| - r) \text{ mit } q = a\cdot d/b \text{ und } r = c/b. \qquad (8)$$

Mit (2) (Abschnitt 6.2) bekommen wir die Dgl.

$$i_L' = (u_1(t) - i_L\cdot R_{Cu})/(L(i_L)\cdot(1 + R_{Cu}/R_{Fe})). \qquad (9)$$

Unser Programm lautet somit:

Speicherzuordnung:

Register	Inhalt
R0	t
R1	i_L
R2	h
R3	K
R4	R_{Cu}
R5	R_{Fe}
R6	q
R7	r

Programm für (9) (zusätzlich zu Abschnitt 5.3.1):

Line	Tasten	
01 bis 17		$u_1(t) \rightarrow$ x-Register
18	RCL 1	
19	RCL 4	
20	x	
21	-	
22	RCL 4	
23	RCL 5	
24	./.	
25	1	
26	+	
27	./.	
28	RCL 1	
29	ABS	
30	RCL 7	
31	-	
32	x	
33	RCL 6	
34	./.	

Die Programmlinien 01 bis 17 stehen für die Programmierung der Eingangsspannung zur Verfügung.
Für eine Drossel mit 250 Windungen, einer mittleren Eisenlänge 0.5 m und einem Eisenquerschnitt 0.0016 m^2 ergeben sich für die Parameter folgende Werte:

$$a = 250 \cdot 250 \cdot 0.0016/0.5 = 200$$

$$b = 250/0.5 = 500$$

und nach der Formel (8)

$$q = 200/500 \cdot 1.47 = 0.588$$

$$r = -78/500 = -0.156.$$

Wir wählen für die Eingangsspannung den Sinusgenerator (vgl. Abschnitt 6.1.3.1) mit f = 50 Hz und U = 200 V und bekommen für $u_1(t)$ das zusätzliche Programm:

Line	Tasten	
01	RAD	
02	1	2·f
03	0	
04	0	
05	π	
06	x	
07	RCL 0	
08	x	
09	SIN	
10	2	U
11	0	
12	0	
13	x	
14	GTO 18	

Mit R_{Cu} = 10 Ohm → R4
R_{Fe} = 100 Ohm → R5
t = 0 → R0
i_L = 0 → R1
h = 0.0001 → R2
q = 0.588 → R6
r = -0.156 → R7
und m = 10
erhalten wir für U = 200 V:

t	i_L(U = 200)
0.000	0.000
0.001	0.007
0.002	0.030
0.003	0.074
0.004	0.145
0.005	0.248
0.006	0.387
0.007	0.553
0.008	0.717
0.009	0.840
0.010	0.880

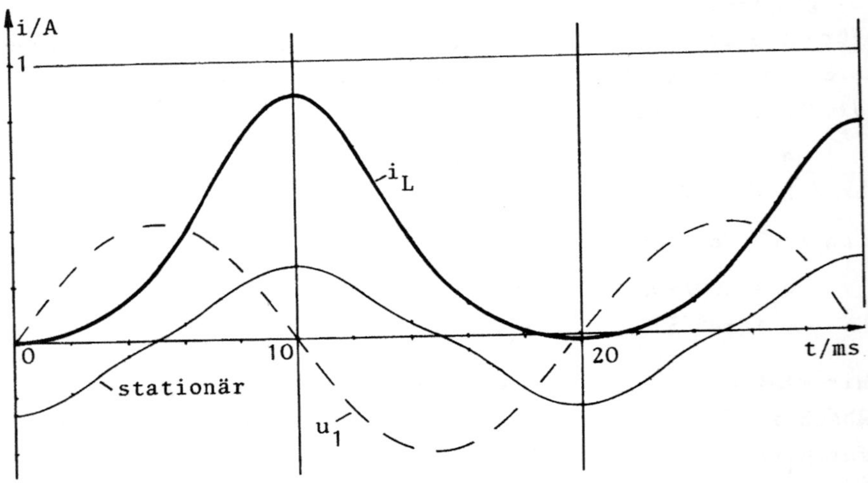

7 Berechnung von Schaltungen mit zwei Energiespeichern mittels Differentialgleichung

7.1 Schalten einer RLC-Reihenschaltung

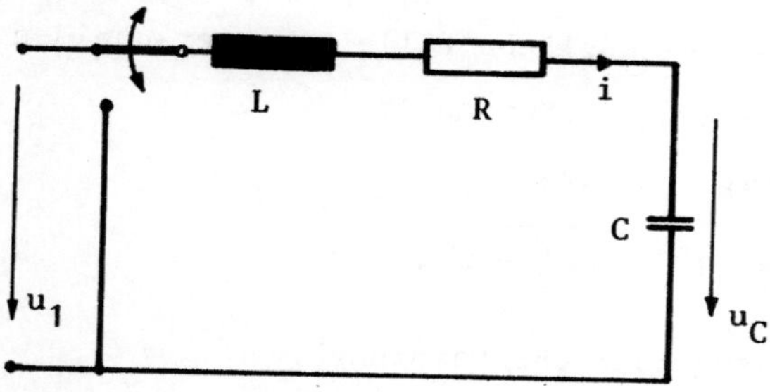

Maschenregel:

$$u_R + u_L + u_C = u_1.$$

Es ist hier vorteilhaft, die Größe u_C als gesuchte Größe zu nehmen:

$$R \cdot i + L \cdot i' + u_C = u_1. \tag{1}$$

Mit Tabelle 1 (setzt die Differenzierbarkeit von u_C' voraus):

$$R \cdot C \cdot u_C' + L \cdot C \cdot u_C'' + u_C = u_1,$$

oder

$$u_C'' + \frac{R}{L} \cdot u_C' + \frac{1}{L \cdot C} \cdot u_C = \frac{u_1}{L \cdot C},$$

oder

$$u_C'' + 2 \cdot \vartheta \cdot u_C' + \omega_o^2 \cdot u_C = u_1 \cdot \omega_o^2; \quad 2 \cdot \vartheta = \frac{R}{L}, \quad \omega_o^2 = \frac{1}{L \cdot C}. \tag{2}$$

7.1.1 Ausschaltvorgang

Die homogene Dgl., die aus (2) folgt, beschreibt bekanntlich den Ausschaltvorgang. Zu ihrer Lösung macht man den Ansatz

$$\begin{aligned} u_C &= K \cdot e^{b \cdot t} \\ u_C' &= K \cdot b \cdot e^{b \cdot t} \\ u_C'' &= K \cdot b^2 \cdot e^{b \cdot t}. \end{aligned} \tag{3}$$

Dies in (2) ergibt:

$$b^2 + 2\cdot\vartheta\cdot b + \omega_o^2 = 0$$

$$b_{1,2} = -\vartheta \pm \sqrt{\vartheta^2 - \omega_o^2}. \tag{4}$$

Man hat nun drei mögliche Fälle zu unterscheiden:

1. $\vartheta < \omega_o$ (schwache Dämpfung).

   Damit folgt aus (4):

$$b_{1,2} = -\vartheta \pm j\cdot\sqrt{\omega_o^2 - \vartheta^2}. \tag{5}$$

2. $\vartheta = \omega_o$ (aperiodische Dämpfung).

   Damit folgt aus (4):

$$b = -\vartheta. \tag{6}$$

   Außerdem:

$$\frac{R}{L} = \frac{1}{\sqrt{L\cdot C}} \quad \text{oder} \quad R = 2\sqrt{\frac{L}{C}}.$$

3. $\vartheta > \omega_o$ (starke Dämpfung).

   Es gilt $b_{1,2}$ nach (4).

Zu 1. Schwache Dämpfung:
Aus (3) mit (5) folgt

$$u_C = A\cdot e^{(-\vartheta + j\omega)\cdot t} + B\cdot e^{(-\vartheta - j\omega)\cdot t}.$$

Dabei ist $\omega = \sqrt{\omega_o^2 - \vartheta^2}$ die Resonanzfrequenz der Schaltung.

$$u_C = e^{-\vartheta\cdot t}\cdot(A\cdot e^{j\omega t} + B\cdot e^{-j\omega t}). \tag{7}$$

Zur Bestimmung der Konstanten A und B sind die Anfangswerte des Geschehens notwendig. Zur Zeit t = 0 ist C auf U_o aufgeladen, also

$$u_C(0) = U_o. \tag{8}$$

Der Gesamtstrom ist zur Zeit t = 0: i(0) = 0.
Da der Strom in einer Induktivität nicht springen kann, bleibt er auch im Moment des Schaltens 0. Wegen $i_C = C\,u'_C$ ist also

$$u'_C(0) = 0. \tag{9}$$

(8) in (7) liefert $U_o = A + B$.
Differenziert man (7) und setzt (9) ein, so folgt

$$0 = -\vartheta\cdot(A + B) + j\omega\cdot(A - B).$$

Damit erhält man schließlich

$$A = \frac{U_o}{2\cdot j\omega}\cdot(j\omega + \vartheta)$$

$$B = \frac{U_o}{2\cdot j\omega}\cdot(j\omega - \vartheta).$$

Dies in (7) ergibt unter Verwendung der Eulerschen Formel:

$$u_C = U_o\cdot e^{-\vartheta\cdot t}\cdot\left[\frac{\vartheta}{\omega}\cdot\sin\omega t + \cos\omega t\right]. \tag{10}$$

Proben:
Die Dimensionen in (10) stimmen. Der imaginäre Anteil ist verschwunden. Für $t \to \infty$ ergibt (10) $u_C = 0$, wie dies bei Ausschaltvorgängen stets sein muß.

Zu 2. Aperiodische Dämpfung:
Anstelle des Ansatzes (3) gilt nach der mathematischen Theorie nunmehr der Ansatz

$$u_C = A\cdot e^{-\vartheta\cdot t} + B\cdot t\cdot e^{-\vartheta\cdot t}.$$

Daraus folgt ohne weiteres

$$u_C(0) = A$$
$$u'_C(0) = B - \vartheta\cdot A.$$

Die Anfangsbedingungen (8, 9) gelten auch hier, sodaß die Konstanten lauten:

$$A = U_o; \quad B = \vartheta\cdot U_o.$$

Die endgültige Lösung ist also:

$$u_C = U_o\cdot(1 + \vartheta\cdot t)\cdot e^{-\vartheta\cdot t}. \tag{11}$$

Zu 3. Starke Dämpfung:

Aus (3) mit (4) folgt

$$u_C = A\cdot e^{(-\vartheta+D)\cdot t} + B\cdot e^{(-\vartheta-D)\cdot t}; \quad D = \sqrt{\vartheta^2 - \omega_o^2}. \tag{12}$$

Die Konstanten A und B ergeben sich aus denselben Anfangswerten (8) und (9) wie bei der schwachen Dämpfung zu

$$A = \frac{U_o}{2}\cdot\left(1 + \frac{\vartheta}{D}\right)$$

$$B = \frac{U_o}{2}\cdot\left(1 - \frac{\vartheta}{D}\right).$$

Damit wird aus (12), wenn man noch die Definitionen für den Hyperbelsinus bzw. -cosinus zu Hilfe nimmt [4]:

$$u_C = U_o\cdot e^{-\vartheta\cdot t}\left[\cosh(D\cdot t) + \frac{\vartheta}{D}\sinh(D\cdot t)\right]. \tag{13}$$

Der Leser beachte die formale Übereinstimmung zwischen (10) und (13).

7.1.2 Einschaltvorgang

7.1.2.1 Gleichspannung

Es gilt (2).

Wie in Abschnitt 1.3 dargelegt, wird der Einschaltvorgang beschrieben durch die homogene Lösung (hier z. B. (7)) und eine inhomogene Lösung von (2).

Der Ansatz für eine inhomogene Lösung lautet $u_C = k$.

Dies in (2):

$$0 + 0 + \omega_o^2\cdot k = U_o\cdot\omega_o^2$$

$$k = U_o.$$

Daraus und mit (7) wird die allgemeine Lösung bei schwacher Dämpfung:

$$u_C = U_o + e^{-\vartheta\cdot t}\cdot\left[A\cdot e^{j\omega t} + B\cdot e^{-j\omega t}\right].$$

A und B bestimmt man aus den Anfangsbedingungen

$$u_C(0) = 0 \quad \text{und} \quad u_C'(0) = 0$$

wie in Abschnitt 7.1.1 und erhält so die Lösung

$$u_C = U_o \cdot \left[1 - (\cos\omega t + \frac{\vartheta}{\omega} \cdot \sin\omega t) \cdot e^{-\vartheta t}\right]. \tag{14}$$

Für $t \to \infty$ muß C auf U_o aufgeladen sein. (14) liefert dementsprechend $u_C \to U_o$. Die Dimensionsprobe stimmt.

7.2 Schalten einer RLC-Parallelschaltung

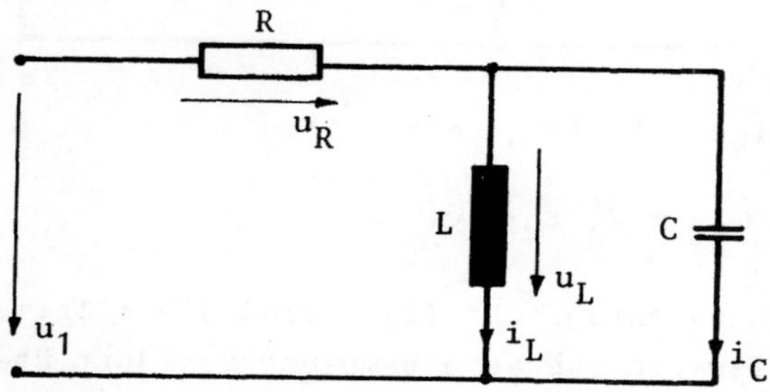

Die Maschenregel ergibt

$$u_L + u_R = u_1.$$

Mit Knotenregel und Tabelle 1 folgt daraus

$$L \cdot i_L' + R \cdot (i_C + i_L) = u_1$$

$$L \cdot i_L' + R \cdot C \cdot u_C' + R \cdot i_L = u_1$$

$$L \cdot i_L' + R \cdot L \cdot C \cdot i_L'' + R \cdot i_L = u_1$$

$$i_L'' + \frac{1}{R \cdot C} \cdot i_L' + \frac{1}{L \cdot C} \cdot i_L = \frac{u_1}{R \cdot L \cdot C}$$

$$i_L'' + 2 \cdot \vartheta \cdot i_L' + \omega_o^2 \cdot i_L = \frac{u_1}{R \cdot L \cdot C}; \quad 2 \cdot \vartheta = \frac{1}{R \cdot C}, \quad \omega_o^2 = \frac{1}{L \cdot C}. \tag{15}$$

Diese inhomogene Dgl. zweiter Ordnung beschreibt obige Schaltung. Sucht man statt i_L z. B. $u_L = u_C$, so leitet man es aus i_L ab:

$$u_L = L \cdot i_L'.$$

7.2.1 Ausschaltvorgang

Dem Vorgang liegt folgende Schaltung zugrunde:

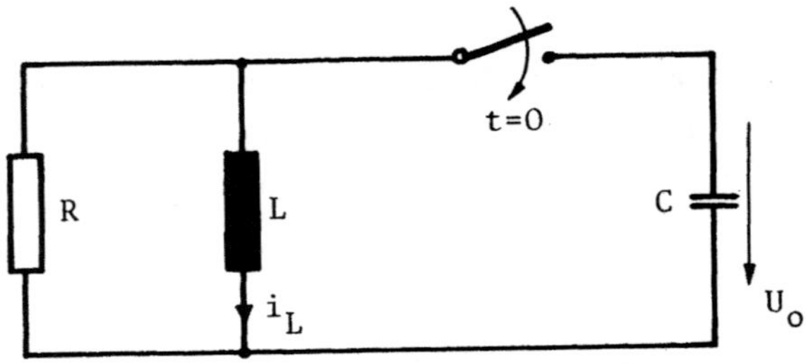

Die zugehörige Dgl. folgt aus (15):

$$i_L'' + 2\cdot\vartheta\cdot i_L' + \omega_o^2\cdot i_L = 0. \qquad (16)$$

Diese Gleichung entspricht (2), sodaß die allgemeine Lösung für beispielsweise schwache Dämpfung von dort übernommen werden kann:

$$i_L = e^{-\vartheta\cdot t}\left[A\cdot e^{j\omega t} + B\cdot e^{-j\omega t}\right]. \qquad (17)$$

Die Anfangswerte betragen

$$i_L(0) = 0;$$

$$i_L'(0) = \frac{u_L(0)}{L} = \frac{u_C(0)}{L} = \frac{U_o}{L}.$$

Damit ergeben sich A und B in (17) entsprechend Abschnitt 7.1.1 zu

$$A = \frac{U_o}{2\cdot j\omega\cdot L};$$

$$B = -\frac{U_o}{2\cdot j\omega\cdot L}.$$

Dies in (17) eingesetzt, ergibt mit Hilfe der Eulerschen Formel

$$i_L = \frac{U_o}{\omega\cdot L}\cdot e^{-\vartheta\cdot t}\cdot\sin\omega t. \qquad (18)$$

7.2.2 Einschaltvorgang

7.2.2.1 Gleichspannung

Es gilt die inhomogene Dgl. (15) mit dem Störglied $u_1 = U_o$. Die Lösung der homogenen Dgl. ist uns in (17) gegeben. Wir schreiben (17) um:

$$i_L = e^{-\vartheta \cdot t} \cdot (a \cdot \sin\omega t + b \cdot \cos\omega t). \tag{19}$$

Von (17) nach (19) führt die Eulersche Formel. Um eine inhomogene Lösung zu finden, machen wir wie üblich den Ansatz "in Form" des Störgliedes:

$$i_L = K.$$

Dies in (15) ergibt:

$$0 + 2 \cdot \vartheta \cdot 0 + \omega_o^2 \cdot K = \frac{U_o}{R \cdot L \cdot C}$$

$$K = \frac{U_o}{R}.$$

Die vollständige Lösung ist die Summe von homogener und inhomogener Lösung:

$$i_L = \frac{U_o}{R} + e^{-\vartheta \cdot t} (a \cdot \sin\omega t + b \cdot \cos\omega t). \tag{20}$$

Im Moment des Einschaltens ist der Strom durch die Induktivität L null:

$$i_L(0) = 0.$$

Im Moment des Einschaltens ist die Spannung am Kondensator C null, also auch die Spannung an L. Damit wird

$$L \cdot i'(0) = u_L(0) = 0.$$

Dies in (20) bzw. in der Ableitung von (20) ergibt sofort:

$$b = -\frac{U_o}{R}; \qquad a = -\frac{\vartheta}{\omega} \cdot \frac{U_o}{R}.$$

Also lautet die vollständige Lösung:

$$i_L = \frac{U_o}{R}\cdot\left[1 - e^{-\vartheta\cdot t}\cdot(\cos\omega t + \frac{\vartheta}{\omega}\cdot\sin\omega t)\right] . \qquad (21)$$

7.2.2.2 Sinuswechselspannung

Es gilt die inhomogene Dgl. (15) mit dem Störglied $u_1 = U\cdot\sin\omega_1 t$. Für die Lösung der homogenen Dgl. verwenden wir (19), während wir zum Auffinden einer Lösung der inhomogenen Dgl. den Ansatz "in Form" des Störgliedes versuchen:

$$i_L = c\cdot\sin\omega_1 t + d\cdot\cos\omega_1 t. \qquad (22)$$

Man bildet i_L' und i_L'' und setzt es in (15) ein. Der Koeffizientenvergleich linke - rechte Seite liefert dann

$$c = -\frac{U}{R\cdot L\cdot C}\cdot\frac{\omega_1^2 - \omega_o^2}{(2\cdot\vartheta\cdot\omega_1)^2 + (\omega_1^2 - \omega_o^2)^2} \qquad (23)$$

$$d = c\cdot\frac{2\cdot\vartheta\cdot\omega_1}{\omega_1^2 - \omega_o^2}.$$

Die vollständige Lösung ist die Summe von homogener Lösung (19) und inhomogener Lösung (22):

$$i_L = e^{-\vartheta\cdot t}\cdot(a\cdot\sin\omega t + b\cdot\cos\omega t) + c\cdot\sin\omega_1 t + d\cdot\cos\omega_1 t. \qquad (24)$$

Der Leser beachte, daß wir es nun mit drei Frequenzen zu tun haben. Man muß unterscheiden:

Die Kennfrequenz $\omega_o = \frac{1}{\sqrt{L\cdot C}}$,

die Resonanzfrequenz $\omega = \sqrt{\omega_o^2 - \vartheta^2}$,

die Erregerfrequenz ω_1.

In (24) sind c und d über (23) bekannt, a und b werden über dieselben Anfangswerte wie in Abschnitt 7.2.2.1 bestimmt:

$$b = -d = -c\cdot\frac{2\cdot\vartheta\cdot\omega_1}{\omega_1^2 - \omega_o^2}$$

$$a = -c\cdot\left[\frac{\omega_1}{\omega} + \frac{2\cdot\vartheta^2\cdot\omega_1}{\omega\cdot(\omega_1^2 - \omega_o^2)}\right].$$

Setzt man die Werte für a, b und d in (24) ein, so folgt

$$i_L = -c\cdot\left[e^{-\vartheta\cdot t}\cdot\left\{\left[\frac{\omega_1}{\omega} + \frac{2\cdot\vartheta^2\cdot\omega_1}{\omega\cdot(\omega_1^2 - \omega_o^2)}\right]\cdot\sin\omega t + \frac{2\cdot\vartheta\cdot\omega_1}{\omega_1^2 - \omega_o^2}\cdot\cos\omega t\right\} - \sin\omega_1 t - \frac{2\cdot\vartheta\cdot\omega_1}{\omega_1^2 - \omega_o^2}\cdot\cos\omega_1 t\right] \qquad (25)$$

mit c nach (23).

Dieser lange Ausdruck ist schwer zu kontrollieren. Die Dimensionsprobe ergibt mit $\vartheta\left[\frac{1}{s}\right]$ und $\omega\left[\frac{1}{s}\right]$ korrekte Klammerausdrücke.

$$c \quad \left[\frac{V}{\Omega} = A\right] .$$

Für $t = 0$ muß $i_L = 0$ sein. (25) erfüllt das. Für $t \to \infty$ und $\omega_1 \to 0$ (stationärer Zustand und Gleichstrom) erwartet man $i_L = \frac{U}{R}$. Auch das liefert (25).

7.2.3 Erweiterte RLC-Parallelschaltung

Die in Abschnitt 7.2 behandelte RLC-Parallelschaltung entspricht insoweit der elektrotechnischen Realität, als der Widerstand R dem Innenwiderstand R_i des Generators entspricht. Die Spule ist dort verlustlos. Will man auch den Spulenwiderstand R_L berücksichtigen, so gilt folgendes Schaltbild:

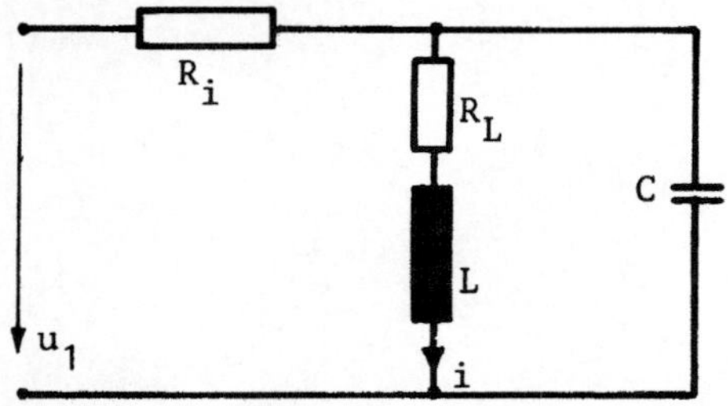

Diese Schaltung wird von der (15) entsprechenden Dgl. beschrieben:

$$i'' + 2\cdot\vartheta^{*}\cdot i' + \omega_0^{*2}\cdot i = \frac{u_1}{R\cdot L\cdot C}. \tag{26}$$

Dabei ist aber nun

$$2\cdot\vartheta^{*} = \frac{R_i\cdot R_L\cdot C+L}{R_i\cdot L\cdot C} = 2\cdot\vartheta\cdot(1 + \frac{C\cdot R_i\cdot R_L}{L}) \tag{27}$$

$$\omega_0^{*2} = \frac{R_i + R_L}{R_i\cdot L\cdot C} = \omega_0^2\cdot(1 + \frac{R_L}{R_i}). \tag{28}$$

8.1 Schalten einer RCRC-Schaltung (aktiver Tiefpass)

In der Nachrichtentechnik spielen Schaltungen wie die unten angegebene als aktive Filter eine große Rolle [2]. Ihre Reaktion auf einen Spannungssprung am Eingang wird im Folgenden untersucht.

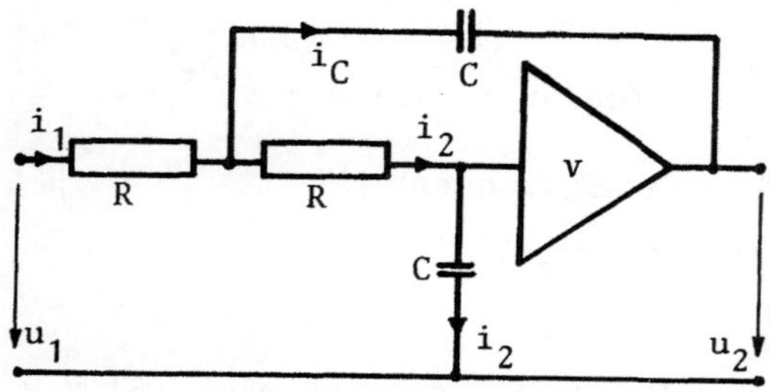

Es ergibt sich mit den Kirchhoffschen Regeln:

$$- u_1 + i_1 \cdot R + i_2 \cdot R + i_2 \cdot X = 0; \quad X = \frac{1}{p \cdot C}$$

$$- i_2 \cdot X - i_2 \cdot R + i_C \cdot X + u_2 = 0$$

$$i_1 - i_C - i_2 = 0$$

$$i_2 \cdot X \cdot v = u_2 .$$

Daraus erhält man nach kurzer Zwischenrechnung (der geneigte Leser prüfe es nach):

$$u_2 = u_1 \cdot v \cdot \omega_o^2 \cdot \frac{1}{p^2 + \omega_o \cdot (3-v) \cdot p + \omega_o^2}, \quad \omega_o = \frac{1}{R \cdot C}. \qquad (1)$$

8.1.1 Einschalten einer Gleichspannung

Mit Tabelle 2, Nr. 1 wird aus (1):

$$u_2 = U_o \cdot v \cdot \omega_o^2 \cdot \frac{1}{p(p^2 + \omega_o \cdot (3-v) \cdot p + \omega_o^2)}. \qquad (2)$$

Die Gleichung (2) stellt bereits die Lösung im Spektralbereich dar. Zur Rücktransformation in den Zeitbereich dient Tabelle 3, Nr. 6. Es ist dort zu setzen

$$2\cdot\vartheta=\omega_o\cdot(3 - v). \tag{3}$$

Wir unterscheiden:

$\omega_o > \vartheta$ (schwache Dämpfung), hier: $v > 1$,
$\omega_o = \vartheta$ (kritische Dämpfung), hier: $v = 1$,
$\omega_o < \vartheta$ (starke Dämpfung), hier: $v < 1$.

Bei schwacher Dämpfung wird somit

$$u_2 = U_o\cdot\left[1 - (\cos\omega t + \frac{\vartheta}{\omega}\cdot\sin\omega t)\, e^{-\vartheta t}\right]\cdot v. \tag{4}$$

Dabei ist ω die Schwingfrequenz:

$$\omega = \omega_o\cdot\sqrt{1 - (\frac{3-v}{2})^2}. \tag{5}$$

Wählen wir z. B. $\omega= \omega_o/\sqrt{2}$, so wird nach (5) $v = 1{,}586$ und nach (3) $\vartheta= \omega_o/\sqrt{2}$. Diese Schaltung ist unter dem Namen Butterworth-Tiefpass bekannt. ω ist die sogenannte Eckfrequenz.
Zur Beschreibung dieses und auch anderer Tiefpässe und Filter wird in der Nachrichtentechnik üblicherweise die Spektralfunktion, wie z. B. (2), oder die Sprungantwort, wie z. B. (4), herangezogen. Man nennt die Spektralfunktion dort den Frequenzgang.

8.2 Schalten einer RLC-Reihenschaltung

8.2.1 Ausschaltvorgang

Das Schaltbild findet man in Abschnitt 7.1.
Sucht man u_C, so geht man von (2) in Abschnitt 7.1 aus, die man mit Tabelle 2 in den Spektralbereich transformiert. Zusätzlich zu Tabelle 2 ist noch die allgemeine Beziehung erforderlich

$$u'' = p^2\cdot u - p\cdot u(t=0) + u'(t=0)$$

hier:

$$u''_C = p^2\cdot u_C - U_o\cdot p.$$

Damit wird aus der homogenen Dgl. zweiter Ordnung ((2) in Abschnitt 7.1):

$$u_C \cdot (p^2 + 2\cdot\vartheta\cdot p + \omega_o^2) = U_o\cdot p + 2\cdot\vartheta\cdot U_o$$

mit der Lösung:

$$u_C = \frac{U_o\cdot p}{p^2 + 2\cdot\vartheta\cdot p + \omega_o^2} + \frac{2\cdot\vartheta\cdot U_o}{p^2 + 2\cdot\vartheta\cdot p + \omega_o^2}. \tag{6}$$

Die Rücktransformation von (6) in den Zeitbereich erfolgt mit Tabelle 3, Nr. 7 und 5 und ergibt

$$u_C = U_o\cdot e^{-\vartheta t}\cdot(\cos\omega t + \frac{\vartheta}{\omega}\cdot\sin\omega t). \tag{7}$$

Man vergleiche (7) mit (10) in Abschnitt 7.1.1 und wird feststellen, daß die Rechnung hier wesentlich kürzer ausfällt.

Sucht man i, so wird man hier nicht den Umweg über u_C machen, sondern sogleich ansetzen (vgl. (1) Abschnitt 7.1):

$$R\cdot i + L\cdot i' + \frac{1}{C}\cdot\int i\,dt + U(0) = 0.$$

Mit Tabelle 4:

$$R\cdot i + L\cdot(p\cdot i - I(0)) + \frac{1}{p\cdot C}\cdot i + \frac{U(0)}{p} = 0. \tag{8}$$

Das ergibt für I(0) = 0 die Lösung im Spektralbereich

$$i = \frac{-U_o}{L\cdot(p^2 + 2\cdot\vartheta\cdot p + \omega_o^2)}. \tag{9}$$

Woraus mit Tabelle 3, Nr. 5 folgt:

$$i = -\frac{U_o}{\omega\cdot L}\cdot e^{-\vartheta\cdot t}\cdot\sin\omega t. \tag{10}$$

Der Leser versuche, dies aus (10) in Abschnitt 7.1.1 ebenfalls herzuleiten.

8.3 Schalten einer RLC-Parallelschaltung

Das Schaltbild ist im Abschnitt 7.2 gezeigt.

8.3.1 Einschaltvorgang

Man berechnet für die gesuchte Ausgangsgröße zunächst die Übertragungsfunktion wie im stationären Fall. Sucht man i_L, so gilt

$$i_L = \frac{u_2}{p \cdot L} = u_1 \cdot \frac{p \cdot L // \frac{1}{p \cdot C}}{p \cdot L \cdot (R + p \cdot L // \frac{1}{p \cdot C})},$$

$$i_L = \frac{u_1}{R \cdot L \cdot C} \cdot \frac{1}{p^2 + 2 \cdot \vartheta \cdot p + \omega_o^2}; \qquad 2 \cdot \vartheta = \frac{1}{R \cdot C}, \quad \omega_o^2 = \frac{1}{L \cdot C}. \tag{11}$$

Damit ist die Übertragungsfunktion ÜF bestimmt:

$$i_L = \text{ÜF} \cdot u_1 .$$

8.3.1.1 Gleichspannung

Man setzt in (11) gemäß Tabelle 2, Nr. 1 $u_1 = \frac{U_o}{p}$ ein und erhält damit bereits die Lösung im Spektralbereich:

$$i_L = \frac{U_o}{R \cdot L \cdot C} \cdot \frac{1}{p \cdot (p^2 + 2 \cdot \vartheta \cdot p + \omega_o^2)}. \tag{12}$$

Die Lösung hängt nun von den Zahlenwerten von ω_o und ϑ ab:
Für $\omega_o > \vartheta$ (schwache Dämpfung) gilt Tabelle 3, Nr. 6a:

$$i_L = \frac{U_o}{R} \cdot \left[1 - e^{-\vartheta \cdot t} \cdot (\cos\omega t + \frac{\vartheta}{\omega} \cdot \sin\omega t)\right]. \tag{13}$$

Für $\omega_o < \vartheta$ (starke Dämpfung) gilt Tabelle 3, Nr. 6b:

$$i_L = \frac{U_o}{R} \cdot \left[1 - e^{-\vartheta \cdot t} \cdot (\cosh(D \cdot t) + \frac{\vartheta}{D} \cdot \sinh(D \cdot t))\right]. \tag{14}$$

Für $\omega_o = \vartheta$ (kritische Dämpfung) gilt Tabelle 3, Nr. 6c:

$$i_L = \frac{U_o}{R} \cdot \left[1 - (1 + \vartheta \cdot t) \cdot e^{-\vartheta \cdot t}\right]. \tag{15}$$

8.3.1.2 Sinuswechselspannung

Es werde $u_1 = U \cdot \sin\omega_1 t$ eingeschaltet, wodurch aus (12) mit Tabelle 2, Nr. 4 folgt:

$$i_L = \frac{U \cdot \omega_1}{R \cdot L \cdot C} \cdot \frac{1}{(p^2 + \omega_1^2) \cdot (p^2 + 2 \cdot \vartheta \cdot p + \omega_o^2)}. \qquad (16)$$

Die Rücktransformation dieser Lösung aus dem Spektralbereich erfolgt mit Tabelle 3, Nr. 10. Die Lösungen des Nennerpolynoms sind dabei

$a = j\omega_1$
$b = -j\omega_1$
$c = -\vartheta + j\omega$
$d = -\vartheta - j\omega.$

Dabei haben wir für c, d schwache Dämpfung angenommen. Bei starker Dämpfung wäre

$c = -\vartheta + D$
$d = -\vartheta - D,$

mit D wie in Tabelle 3, Nr. 5b.
Bei kritischer Dämpfung wäre

$c = d = -\vartheta.$

Tabelle 3, Nr. 10 ergibt also die Lösung:

$$i_L = \frac{U \cdot \omega_1}{2 \cdot j \cdot R \cdot L \cdot C} \cdot \left[\frac{e^{+j\omega_1 t}}{\omega_1 \cdot [(\omega_o^2 - \omega_1^2) + 2 \cdot j\omega_1 \cdot \vartheta]} - \frac{e^{-j\omega_1 t}}{\omega_1 \cdot [(\omega_o^2 - \omega_1^2) - 2 \cdot j\omega_1 \cdot \vartheta]} \right.$$

$$\left. + \frac{e^{-\vartheta t}}{\omega} \cdot \left(\frac{e^{j\omega t}}{(\omega_1^2 - \omega_o^2) + 2 \cdot \vartheta^2 - 2 \cdot j\omega \cdot \vartheta} - \frac{e^{-j\omega t}}{(\omega_1^2 - \omega_o^2) + 2 \cdot \vartheta^2 + 2 \cdot j\omega \cdot \vartheta} \right) \right]. \qquad (17)$$

Der Leser erkennt, daß in (17) drei Frequenzen zu unterscheiden sind: Die Kennfrequenz ω_o, die Resonanzfrequenz ω und die Erregerfrequenz ω_1. Obwohl (17) bereits die Lösung im Zeitbereich darstellt, müssen wir sie umformen. Es muß ein reeller Ausdruck mit sinus und cosinus sich ergeben. Wir wenden auf (17) zweimal die Beziehung an

$$\frac{e^{jx}}{u + jv} - \frac{e^{-jx}}{u - jv} = 2\cdot j\cdot \frac{u\cdot \sin x - v\cdot \cos x}{u^2 + v^2}.$$

Damit erhält man nach einiger Zwischenrechnung

$$i_L = \frac{U}{R\cdot L\cdot C}\cdot\frac{\Delta}{\Delta^2 + (2\cdot\vartheta\cdot\omega_1)^2}\cdot\left[\sin\omega_1 t - \frac{2\cdot\omega_1\cdot\vartheta}{\Delta}\cdot\cos\omega_1 t\right.$$

$$\left. + e^{-\vartheta t}\cdot\left(\frac{\omega_1}{\omega}\cdot\left(\frac{2\cdot\vartheta^2}{\Delta} - 1\right)\cdot\sin\omega t + \frac{2\cdot\vartheta\cdot\omega_1}{\Delta}\cdot\cos\omega t\right)\right]. \tag{18}$$

Abkürzung $\Delta = \omega_0^2 - \omega_1^2$.

Man vergleiche mit (25) in Abschnitt 7.2.2.2.
Um den langen Ausdruck (18) zu kontrollieren, machen wir die Dimensionsprobe. Die rechte Seite hat, wie erwartet, die Dimension $[A]$. Für $t = 0$ erwarten wir aus elektrischen Gründen $i_L(0) = 0$. Auch dies wird von (18) erfüllt.
Eine weitere Prüfung von (18) kann man für $t \to \infty$ durchführen.

9 Numerische Berechnung von Schaltungen mit zwei Energiespeichern

Hat man in einer Schaltung zwei - oder mehr - Energiespeicher, so erhält man je Energiespeicher eine Dgl. erster Ordnung für die gesuchte Speicherzustandsfunktion. Der Unterschied, d. h. die Erweiterung zu Abschnitt 5. besteht darin, daß die "rechten Seiten" der Dgl. jetzt von allen gesuchten Speicherfunktionen y1, y2, ... abhängen. Dadurch ergibt sich ein gekoppeltes System von Dgl., das nach der gleichen Methode wie in Abschnitt 5. gelöst werden kann:

$$y1'(t) = g1(t, y1(t), y2(t))$$
$$y2'(t) = g2(t, y1(t), y2(t)) \qquad (1)$$

mit den Anfangswerten

$$y1(t_o) = y1_o$$
$$y2(t_o) = y2_o. \qquad (2)$$

Das Polygonzugverfahren liefert entsprechend Abschnitt 5.1 für $t = t_1$ die Näherungswerte

$$y1_1 = y1_o + h \cdot g1(t_o, y1_o, y2_o)$$
$$y2_1 = y2_o + h \cdot g2(t_o, y1_o, y2_o). \qquad (3)$$

Wegen der geringen Genauigkeit des Polygonzugverfahrens arbeiten wir auch jetzt wieder mit dem Druckzähler und erhalten in Analogie zu Abschnitt 5.2 das Flußdiagramm.

9.1 Flußdiagramm

Benötigt werden jetzt Datenspeicher für die Variablen t, y1, y2, h und K. Die Größe m kann in die Programmschritte eingearbeitet werden.

Wir treffen die Speicherzuordnung:

	Register	Inhalt
	R0	t
	R1	y1
	R2	y2
	R3	h
	R4	K
zusätzlich für hp 67/97	RE	m
bzw. zusätzlich für SR 56/52	R8	m

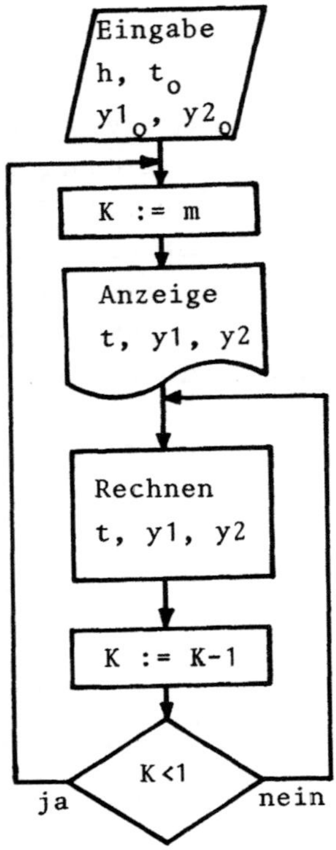

Eingabe: Schrittweite h → h
Anfangswerte t_o → t
$y1_o$ → y1
$y2_o$ → y2

Zählindex setzen

Anzeige (Druck) von t, y1, y2 alle m Schritte

Neue Werte nach Polygonzugverfahren (3) berechnen

$y1 + h \cdot g1(t, y1, y2) \rightarrow y1$

$y2 + h \cdot g2(t, y1, y2) \rightarrow y2$

$t + h \rightarrow t$

Zählindex ändern

Zählindex testen

9.2 Programmierung der Differentialgleichung

9.2.1 Taschenrechner hp 25

9.2.1.1 Bedienungsanweisung

Nr.	Anweisung	Werte	Tasten	Anzeige
1	Eingeben Programm Line 30 bis 49; dabei Druckzähler m in Line 43 bis 45			
2	"rechte Seite" für y1' = g1 und y2' = g2 in Line 01 bis 29 eingeben			
3	Anfangswerte	t_o	STO 0	t
		$y1_o$	STO 1	y1
		$y2_o$	STO 2	y2
4	Schrittweite	h	STO 3	h
			GTO 43	

Nr.	Anweisung	Werte	Tasten	Anzeige
5	Rechnung wenn y-Werte gewünscht (Der STACK darf verändert werden.)		R/S R↓ R↓	t y1 y2
6	Fortsetzung der Rechnung bei 5 Soll die Schrittweite geändert werden, wieder bei 4 beginnen.			

9.2.1.2 Programm

Line	Tasten	Kommentar
01 bis 29		y1' = g1(t, y1, y2) → x-Register y2' = g2(t, y1, y2) → y-Register
30	RCL 3	
31	STO+0	t := t + h
32	x	h·g1
33	STO+1	y1 := y1 + h·g1
34	CLX	
35	RCL 3	
36	x	h·g2
37	STO+2	y2 := y2 + h·g2
38	1	
39	STO−4	K := K-1
40	RCL 4	
41	x ≥ y	K < 1 ?
42	GTO 01	
43	1	Start
44	EEX	m = 10
45	1	
46	STO 4	K := m
47	RCL 2	
48	RCL 1	
49	RCL 0	y2, y1, t zur Anzeige

9.2.1.3 Beispiel

Wir überprüfen die Richtigkeit des Programms mit dem einfachen Testbeispiel:

y1' = g1(t, y1, y2) = y2, y1(0) = 0,
y2' = g2(t, y1,y2) = - y1, y2(0) = 1.

Die Lösung ist bekanntlich

y1 = SIN(t), y2 = COS(t).

Zusatzprogramm:

Line	Tasten
01	RAD
02	RCL 1
03	CHS
04	RCL 2
05	GTO 30

Vorbereitungsschritte:

Werte	Tasten
0	STO 0
0	STO 1
1	STO 2
0.02	STO 3
	GTO 43
	R/S

Ergebnis:

t	y1	exakt = SIN	y2	exakt = COS
0.000	0.000	0.000	1.000	1.000
0.200	0.199	0.199	0.982	0.980
0.400	0.391	0.389	0.925	0.921
0.600	0.568	0.565	0.830	0.825
.....				
2.000	0.928	0.909	-0.424	-0.416

9.2.2 Taschenrechner hp 67/Tischrechner hp 97

9.2.2.1 Bedienungsanweisung

Nr.	Anweisung	Werte	Tasten
1	Programm Line 001 bis 026 eingeben		
2	Unterprogramm ab Line 027 eingeben		

Nr.	Anweisung	Werte	Tasten
3	Anfangswerte	t_o	STO 0
		$y1_o$	STO 1
		$y2_o$	STO 2
4	Schrittweite	h	STO 3
	Zähler	m	STO E
5	Rechnung		A Anzeige: t, y1, y2
6	Soll die Schrittweite geändert werden, wieder bei 4 beginnen.		

9.2.2.2 Programm

Line	Tasten	Kommentar
001	LBL A	Start
002	RCL E	
003	STO 4	K := m
004	SPACE	
005	RCL 0	
006	PRT X	Druck t
007	RCL 1	
008	PRT X	Druck y1
009	RCL 2	
010	PRT X	Druck y2
011	LBL 0	
012	GSB a	Unterprogramm g(t, y1, y2)
013	RCL 3	
014	STO+0	t := t + h
015	x	h·g1
016	STO+1	y1 := y1 + h·g1
017	CLX	
018	RCL 3	
019	x	h·g2
020	STO+2	y2 := y2 + h·g2
021	1	
022	STO-4	K := K-1
023	RCL 4	
024	x > 0	K > 0 ?
025	GTO 0	
026	GTO A	

Mit einem Unterprogramm für die "rechte Seite" g(t, y1, y2):

Line	Tasten	Kommentar
027	LBL a	Beginn Unterprogramm g(t, y1, y2)
.....	....	g1(t, y1, y2) → x-Register g2(t, y1, y2) → y-Register
	RTN	

9.2.2.3 Beispiel

Wir überprüfen die Richtigkeit des Programms mit dem einfachen Testbeispiel:

y1' = g1(t, y1, y2) = y2, y1(0) = 0,
y2' = g2(t, y1, y2) = -y1, y2(0) = 1.

Die Lösung ist bekanntlich

y1 = SIN(t), y2 = COS(t).

Zusatzprogramm:

Line	Tasten
027	LBL a
028	RAD
029	RCL 1
030	CHS
031	RCL 2
032	RTN

Vorbereitungsschritte:

Werte	Tasten
0	STO 0
0	STO 1
1	STO 2
0.02	STO 3
10	STO E
	A

Mit gleichem Ergebnis wie in Abschnitt 9.2.1.3.

9.2.3 Taschenrechner SR 56

9.2.3.1 Bedienungsanweisung

Nr.	Anweisung	Werte	Tasten
1	Programm Line 00 bis 35 eingeben		
2	Unterprogramm ab Line 36 eingeben		

Nr.	Anweisung	Werte	Tasten	Anzeige
3	Anfangswerte	t_o	STO 0	
		$y1_o$	STO 1	
		$y2_o$	STO 2	
4	Schrittweite	h	STO 3	
	Zähler	m	STO 8	
			RST	
5	Rechnung		R/S	t
	wenn y1, y2-Werte gewünscht		{ RCL 1	y1
			RCL 2	y2
	Fortsetzung der Rechnung bei 5			
6	Soll die Schrittweite geändert werden, wieder bei 4 beginnen.			

9.2.3.2 Programm

Line	Tasten	Kommentar
00	RCL	
01	8	m
02	STO	
03	4	K := m
04	RCL	
05	0	
06	R/S	Anzeige t
07	* subr	{ Aufruf Unterprogramm
08	3	g2 zum t-Register
09	6	g1 zum x-Register
10	x	
11	RCL	
12	3	h
13	SUM	
14	0	t := t + h
15	=	h·g1
16	SUM	
17	1	y1 := y1 + h·g1
18	x ↔ t	g2
19	x	

Line	Tasten	Kommentar
20	RCL	
21	3	
22	=	h·g2
23	SUM	
24	2	y2 := y2 + h·g2
25	1	1
26	INV	
27	SUM	
28	4	K := K-1
29	x ↔ t	1 zum t-Register
30	RCL	
31	4	K
32	*x ≥ t	K ≥ 1 ?
33	0	
34	7	
35	RTS	

Mit einem Unterprogramm für die "rechte Seite" g(t, y1, y2):

Line	Tasten	Kommentar
36		Beginn Unterprogramm
....		g1(t, y1, y2) → x-Register
	*rtn	g2(t, y1, y2) → t-Register

9.2.3.3 Beispiel

Wir überprüfen die Richtigkeit des Programms mit dem einfachen Testbeispiel:

y1' = g1(t, y1, y2) = y2, y1(0) = 0,
y2' = g2(t, y1, y2) = -y1, y2(0) = 1.

Die Lösung ist bekanntlich

y1 = SIN(t), y2 = COS(t).

Zusatzprogramm:

Line	Tasten
36	RCL
37	1

Vorbereitungsschritte:

Werte	Tasten
0	STO 0
0	STO 1

Line	Tasten
38	+-
39	x ↔ t
40	RCL
41	2
42	*rtn

Werte	Tasten
1	STO 2
0.02	STO 3
10	STO 8
	RST
	R/S

Mit gleichem Ergebnis wie in Abschnitt 9.2.1.3.

9.2.4 Taschenrechner SR 52

9.2.4.1 Bedienungsanweisung

Nr.	Anweisung	Werte	Tasten	Anzeige
1	Programm Line 000 bis 056 eingeben			
2	Unterprogramm ab Line 057 eingeben			
3	Anfangswerte	t_o	STO 00	
		$y1_o$	STO 01	
		$y2_o$	STO 02	
4	Schrittweite	h	STO 03	
	Zähler	m	STO 08	
5	Rechnung		A	t
			RUN	y1
			RUN	y2
			RUN	
6	Soll die Schrittweite geändert werden, wieder bei 4 beginnen.			

9.2.4.2 Programm

Line	Tasten	Kommentar
000	*LBL	
001	A	
002	RCL	
003	0	
004	8	m
005	STO	

Line	Tasten	Kommentar
006	0	
007	4	K := m
008	RCL	
009	0	
010	0	t
011	HLT	Anzeige t
012	RCL	
013	0	
014	1	y1
015	HLT	Anzeige y1
016	RCL	
017	0	
018	2	y2
019	HLT	Anzeige y2
020	*LBL	
021	*0	
022	*A'	Aufruf Unterprogramm g
023	x	g1
024	RCL	
025	0	
026	3	h
027	SUM	
028	0	
029	0	t := t + h
030	=	h·g1
031	SUM	
032	0	
033	1	y1 := y1 + h·g1
034	RCL	
035	0	
036	9	g2
037	x	
038	RCL	
039	0	
040	3	h
041	=	h·g2
042	SUM	

Line	Tasten	Kommentar
043	0	
044	2	y2 := y2 + h·g2
045	1	
046	INV	
047	SUM	
048	0	
049	4	K := K-1
050	RCL	
051	0	
052	4	K
053	*if zro	K < 0 ?
054	A	
055	GTO	
056	*0	

9.2.4.3 Beispiel

Wir überprüfen die Richtigkeit des Programms mit dem einfachen Testbeispiel:

$$y1' = g1(t, y1, y2) = y2, \quad y1(0) = 0,$$
$$y2' = g2(t, y1, y2) = -y1, \quad y2(0) = 1.$$

Die Lösung ist bekanntlich

$$y1 = SIN(t), \; y2 = COS(t).$$

Zusatzprogramm:

Line	Tasten	
057	*LBL	
058	*A'	
059	RCL	
060	0	
061	1	
062	+-	
063	STO	
064	0	
065	9	g2 := -y1

Vorbereitungsschritte:

Werte	Tasten	Anzeige
0	STO 00	
0	STO 01	
1	STO 02	
0.02	STO 03	
10	STO 08	
	A	

Line	Tasten	
066	RCL	
067	0	
068	2	g1 := y2
069	*rtn	

Mi gleichem Ergebnis wie in Abschnitt 9.2.1.3.

10.1 Das RCRC-Glied

10.1.1 Aktiver Tiefpass

Für einen aktiven Tiefpass benutzen wir die Schaltung

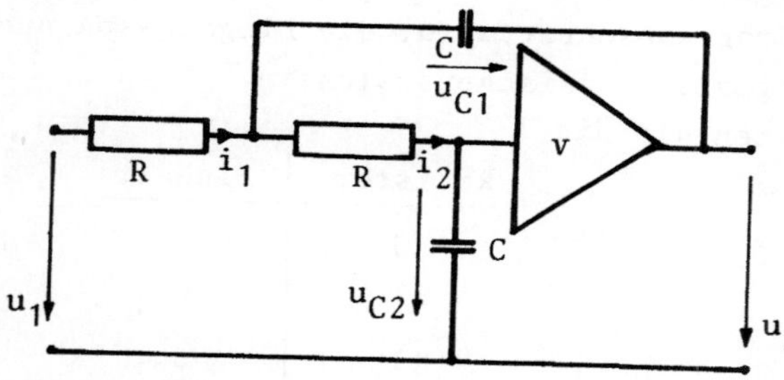

mit den Beziehungen

$$\begin{aligned} u_1 &= i_1 \cdot R + i_2 \cdot R + u_{C2} \\ u_1 &= i_1 \cdot R + u_{C1} + u_2 \\ u_2 &= v \cdot u_{C2} \\ C \cdot u'_{C1} &= i_1 - i_2 \\ C \cdot u'_{C2} &= i_2 \end{aligned} \tag{1}$$

Durch Umformung erhalten wir das Dgl.-System

$$\begin{aligned} w &:= 1/(R \cdot C) \\ ALF &:= R \cdot i_2 := u_{C1} + u_{C2} \cdot (v-1) \\ BET &:= R \cdot (i_1 - i_2) := u_1(t) - u_{C2} - 2 \cdot ALF \\ u'_{C1} &= g1(t,\ u_{C1},\ u_{C2}) := w \cdot BET \\ u'_{C2} &= g2(t,\ u_{C1},\ u_{C2}) := w \cdot ALF \end{aligned} \tag{2}$$

und können das Programm von Abschnitt 9 mit der Zuordnung

$$y1 = u_{C1},\ y2 = u_{C2}$$

anwenden.

Da uns insbesondere das Verhältnis

$$a = u_2(t)/u_1(t) \tag{3}$$

interessiert, sehen wir eine Anzeige (kurzzeitig) dieses Wer-

tes im Unterprogramm g(t, y1, y2) vor. Für $u_1(t) = 0$ setzen wir dabei a = 0.
Für die Rechnung benötigen wir zwei Parameter

Verstärkungsfaktor	v → Register 5
Zeitkonstante	$w = 1/(R\cdot C)$ → Register 6

sowie die Programmschritte für die Eingangsspannung $u_1(t)$, die wir nach Register 7 zwischenspeichern.
Damit erhalten wir die
Speicherzuordnung:

Register	Inhalt
R0	t
R1	u_{C1}
R2	u_{C2}
R3	h
R4	K
R5	v
R6	w
R7	$u_1(t)$

Das Programm zusätzlich zu Abschnitt 9.2.1.2 lautet:

Line	Tasten	Kommentar
01 bis 06		$u_1(t)$ → Register 7
07	RCL 5	
08	RCL 2	
09	x	$u_2 := v\cdot u_{C2}$
10	RCL 7	
11	x ≠ 0	$u_1 = 0$?
12	./.	a
13	Pause	Anzeige a (für ca. 1 sek)
14	RCL 5	
15	1	
16	-	
17	RCL 2	
18	x	
19	RCL 1	
20	+	ALF

Line	Tasten	Kommentar
21	STO-7	
22	STO-7	u_1 - 2·ALF
23	RCL 6	
24	x	g2 := w·ALF
25	RCL 7	
26	RCL 2	
27	-	BET
28	RCL 6	
29	x	g1 := w·BET

Für den "Einheitssprung" $u_1(t) = 1$ bekommen wir die zusätzlichen Programmlinien:

Line	Tasten
01	1
02	STO 7
03	GTO 07

Wir rechnen folgendes Beispiel durch:

$v = 1.268$ (Besselfilter)

$w = 2 \cdot \pi \cdot 1000/0.786 = 7.99 \cdot 10^3$

mit

$u_{C1}(0) = u_{C2}(0) = 0$ und $h = 5 \cdot 10^{-6}$.

Vorbereitende Schritte:

Programm Line 01 bis 03, 07 bis 29, 30 bis 49 eingeben

Parameter v	1.268	STO 5
w	7.99 EEX 3	STO 6
Anfangswert t	0	STO 0
u_{C1}	0	STO 1
u_{C2}	0	STO 2
Schrittweite	5 EEX CHS 6	STO 3
	GTO 43	R/S

Damit erhalten wir

$t/10^{-6}$	R↓ u_{C1}	R↓ u_{C2}	R/S a
0	0.000	0.000	0.000
50	0.274	0.0596	0.0756
100	0.346	0.199	0.253
150	0.310	0.363	0.460
200	0.224	0.519	0.658

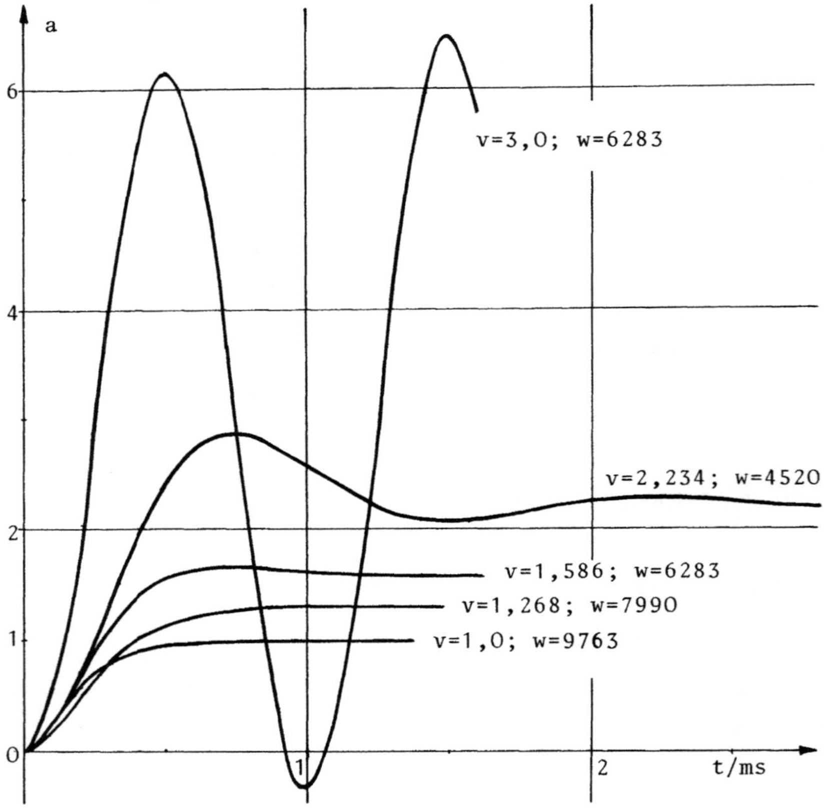

Im obigen Diagramm sind der Übersicht halber die Rechenergebnisse für folgende Fälle aufgetragen:

v = 1,0; v = 1,268 (Bessel-Filter, unsere Rechnung); v = 1,586 (Butterworth-Filter); v = 2,234 (Tschebyscheff-Filter); v = 3,0 (ungedämpftes Filter = Oszillator).

Für alle Filter sind die w-Werte so gewählt, daß die -3dB-Eckfrequenz 1 kHz beträgt.

Wir geben jetzt in einem weiteren Beispiel ein aus zwei Frequenzen gemischtes Eingangssignal $u_1(t)$ auf unsere Schaltung und vergleichen $u_{C2}(t) = u_2/v$ damit. Wir verzichten auf den Faktor a und zeigen dafür u_1 an.
Mit

$$u_1(t) = \cos(w \cdot 2 \cdot t) + \cos(w/2 \cdot t)$$

bekommen wir für den hp 67/97 folgendes Programm (zusätzlich zu Abschnitt 9.2.2.2):

Line	Tasten
027	LBL a
028	RAD
029	RCL 6
030	RCL 0
031	x
032	2
033	x
034	COS
035	RCL 6
036	RCL 0
037	x
038	2
039	./.
040	COS
041	+
042	STO 7
043	PRT X

Line	Tasten
044	RCL 5
045	1
046	-
047	RCL 2
048	x
049	RCL 1
050	+
051	STO-7
052	STO-7
053	RCL 6
054	x
055	RCL 7
056	RCL 2
057	-
058	RCL 6
059	x
060	RTN

Mit $v = 1.268$

$w = 7.99 \cdot 10^3$

$u_{C1}(0) = u_{C2}(0) = 0$

$h = 5 \cdot 10^{-6}, \quad m = 10$

erhalten wir

$t/10^{-6}$	u_{C1}	u_{C2}	u_1
0	0.000	0.000	2.000
50	0.515	0.117	1.678
100	0.486	0.356	0.894
150	0.140	0.542	0.090

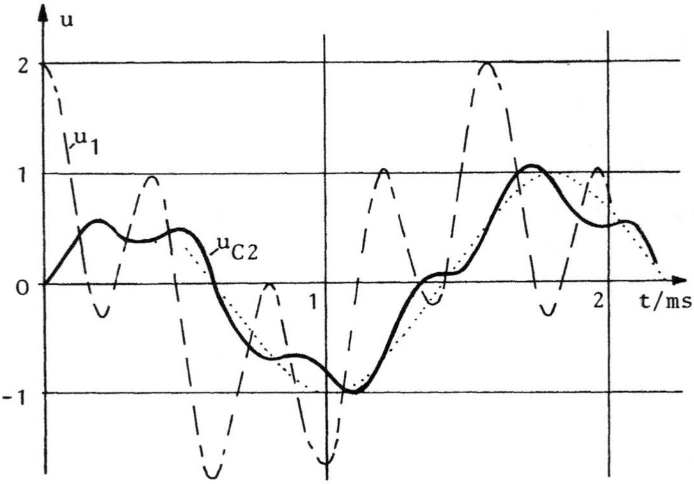

Man sieht in dem Diagramm, daß die Schwingung höherer Frequenz f_1 = 2,54 kHz herausgefiltert wird und in u_2 die tiefere Frequenz f_2 = 635,8 Hz dominiert (punktiert gezeichnet).

10.1.2 Aktiver Hochpass

Für einen Hochpass vertauschen wir gegenüber dem Tiefpass die R- mit den C-Gliedern

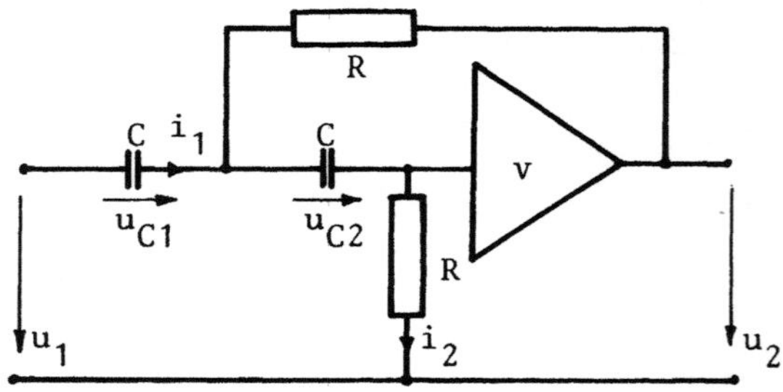

und bekommen die Beziehungen

$$u_1 = u_{C1} + u_{C2} + R \cdot i_2$$

$$u_1 = u_{C1} + R \cdot (i_1 - i_2) + u_2$$

$$u_2 = v \cdot R \cdot i_2$$

$$C \cdot u'_{C1} = i_1$$

$$C\ u'_{C2} = i_2.$$

Durch Umformung erhalten wir das Dgl.-System

$$w := 1/(R \cdot C)$$

$$ALF := R \cdot i_2 := u_1(t) - u_{C1} - u_{C2}$$

$$BET := R \cdot i_1 := u_{C2} + (2-v) \cdot ALF$$

$$u'_{C1} := g1(t, u_{C1}, u_{C2}) := w \cdot BET$$

$$u'_{C2} := g2(t, u_{C1}, u_{C2}) := w \cdot ALF.$$

Wir wenden wieder das Programm von Abschnitt 9 an mit der Zuordnung

$$y1 = u_{C1}, \quad y2 = u_{C2}$$

und bekommen

$$a = u_2(t)/u_1(t) := v \cdot ALF/u_1$$

bei gleicher Speicherzuordnung wie im vorigen Abschnitt 10.1.1.

Das Programm zusätzlich zu Abschnitt 9.2.1.2 (hp 25) lautet:

Line	Tasten	Kommentar
01 bis 04		} $u_1(t)$ → Register 7 und → x-Register
05	RCL 1	
06	-	
07	RCL 2	
08	-	ALF
09	↑	
10	↑	
11	↑	
12	RCL 5	
13	x	

Line	Tasten	Kommentar
14	RCL 7	
15	$x \neq 0$	$u_1 = 0$?
16	./.	a
17	PAUSE	Anzeige a (für ca. 1 sek)
18	CLX	
19	RCL 6	
20	x	g2 := w·ALF
21	$x \leftrightarrow y$	
22	2	
23	RCL 5	
24	-	
25	x	
26	RCL 2	
27	+	BET
28	RCL 6	
29	x	g1 := w·BET

Für den "Einheitssprung" $u_1(t) = 1$ erhalten wir zusätzlich:

Line	Tasten
01	1
02	STO 7
03	GTO 0

Wir rechnen folgendes Beispiel durch:

v = 1.586 und w = 6283.

Mit zu Abschnitt 10.1.1 analogen vorbereitenden Schritten erhalten wir:

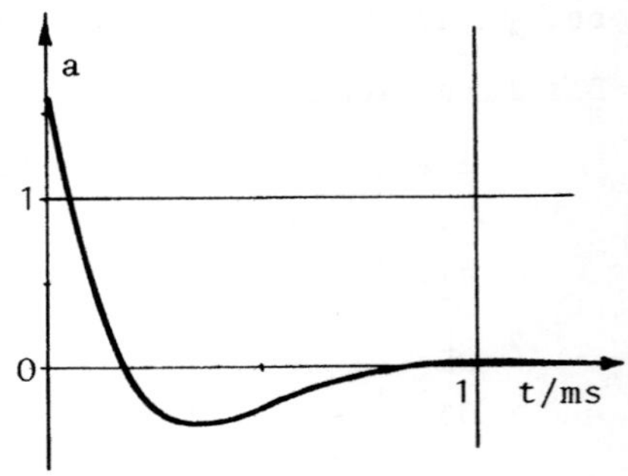

$t/10^{-6}$	R↓ u_{C1}	R↓ u_{C2}	R/S a
0	0.000	0.000	1.586
50	0.145	0.255	0.952
100	0.307	0.398	0.468
150	0.467	0.458	0.120
200	0.613	0.459	-0.113

10.2 RLC-Reihenschaltung

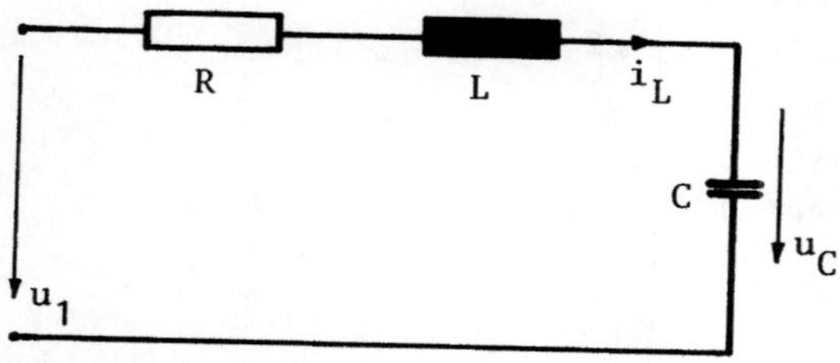

Für einen Reihenschwingkreis benutzen wir die Beziehungen:

$$u_1(t) = R \cdot i_L + L \cdot i'_L + u_C$$

$$i_L = C \cdot u'_C.$$

Durch Umstellung erhalten wir das Dgl.-System

$$i'_L = g1(t, i_L, u_C) = (u_1(t) - R \cdot i_L - u_C)/L$$

$$u'_C = g2(t, i_L, u_C) = i_L/C$$

und können das Programm von Abschnitt 9 mit der Zuordnung

$$y1 = i_L, \quad y2 = u_C$$

anwenden.

Mit der Speicherzuordnung

Register	Inhalt
R0	t
R1	i_L
R2	u_C
R3	h
R4	K
R5	R
R6	L
R7	C

bekommen wir zusätzlich zu Abschnitt 9.2.1.2 das Programm für den hp 25:

Line	Tasten	Kommentar
01 bis 17		$u_1(t) \to$ x-Register

Line	Tasten	Kommentar
18	RCL 1	
19	RCL 7	
20	./.	g2
21	x ↔ y	u_1
22	RCL 5	
23	RCL 1	
24	x	
25	-	
26	RCL 2	
27	-	
28	RCL 6	
29	./.	g1

Für den "Einheitssprung" gelten die zusätzlichen Programmlinien

Line	Tasten
01	1
02	GTO 18

Wir rechnen folgendes Beispiel eines schwach gedämpften Kreises:

R = 100 Ohm → Register 5; L = 50.66 μH → Register 6;
C = 500 pF → Register 7.

Mit den Anfangswerten

$i_L(0) = u_C(0) = 0$

bekommen wir (Rechnung mit verschiedener Schrittweite):

	$h = 10^{-8}$		$h = 0.5 \cdot 10^{-8}$	
$t/10^{-6}$	$i_L/10^{-3}$	u_C	$i_L/10^{-3}$	u_C
0.0	0.000	0.000	0.000	0.000
0.1	1.721	0.166	1.699	0.173
0.2	2.576	0.604	2.523	0.608
0.3	2.388	1.118	2.326	1.109
0.4	1.378	1.515	1.344	1.491
0.5	0.026	1.670	0.050	1.637

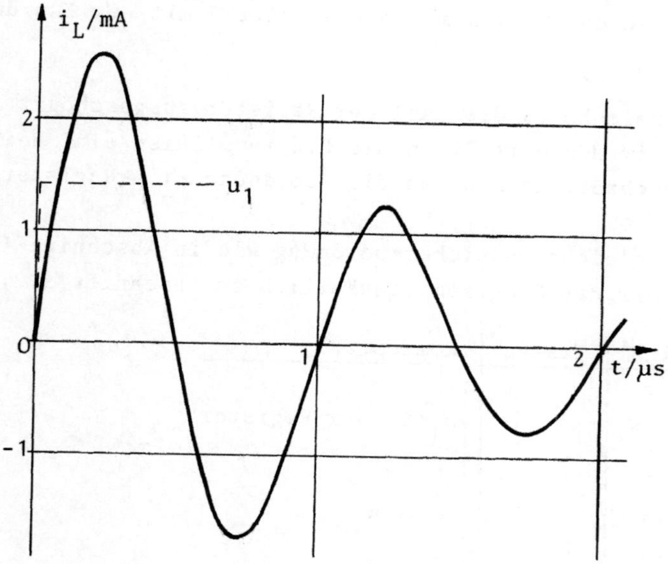

10.3 RLC-Parallelschaltung

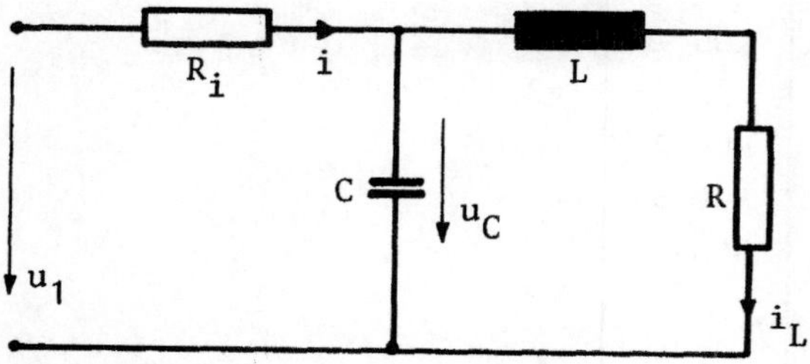

Für einen Parallelschwingkreis benutzen wir die Beziehungen

$$u_1(t) = i \cdot R_i + u_C$$

$$u_C = L \cdot i'_L + R \cdot i_L$$

$$i - i_L = C \cdot u'_C.$$

Durch Umformung erhalten wir das Dgl.-System

$$i'_L = g1(t, i_L, u_C) = (u_C - R \cdot i_L)/L$$

$$u'_C = g2(t, i_L, u_C) = ((u_1(t) - u_C)/R_i - i_L)/C$$

und wenden das Programm von Abschnitt 9 mit der Zuordnung

$y1 = i_L$, $y2 = u_C$

an. Da beim hp 25 die Zahl der Register ausgeschöpft ist, arbeiten wir den Wert R_i in die Programmlinien ein. Bei den anderen Rechnern könnte man die Zuordnung $R_i \rightarrow$ Register 9 benutzen.

Mit der gleichen Speicherzuordnung wie in Abschnitt 10.2 bekommen wir das Programm (zusätzlich zu Abschnitt 9.2.1.2):

Line	Tasten	Kommentar
01 bis 12		$u_1(t) \rightarrow$ x-Register
13	RCL 2	
14	-	$u_1 - u_C$
15	3	Zahlenwert für R_i
16	0	
17	0	
18	./.	
19	RCL 1	
20	-	
21	RCL 7	
22	./.	g2
23	RCL 2	
24	RCL 5	
25	RCL 1	
26	x	
27	-	
28	RCL 6	
29	./.	g1

Die zusätzlichen Programmlinien für den Rechteckgenerator (vgl. Abschnitt 6.1.3.2) mit

f = 500 kHz und U = 1 V

lauten:

Line	Tasten	Kommentar
01	RAD	
02	π	$2 \cdot \pi \cdot 500$ kHz
03	EEX	

Line	Tasten	Kommentar
04	6	
05	x	$2 \cdot \pi \cdot 500$ kHz
06	RCL 0	
07	x	
08	SIN	
09	ABS	
10	LAST x	
11	x ≠ 0	
12	./.	

Wir rechnen das Beispiel:

R_i = 300 Ohm
R = 20 Ohm → Register 5
L = 50.66 µH → Register 6
C = 500 pF → Register 7

mit $i_L(0) = u_C(0) = 0$ und $h = 10^{-8}$.

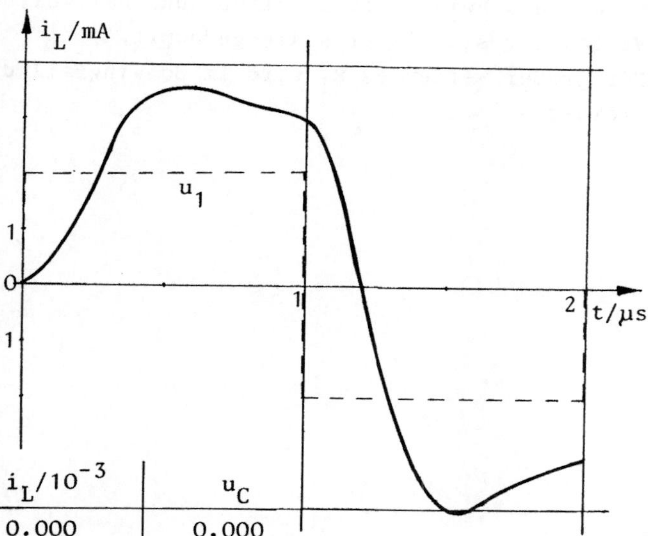

$t/10^{-6}$	$i_L/10^{-3}$	u_C
0.0	0.000	0.000
0.1	0.397	0.445
0.2	1.420	0.588
...		
1.3	-1.998	-0.895
1.4	-3.348	-0.537

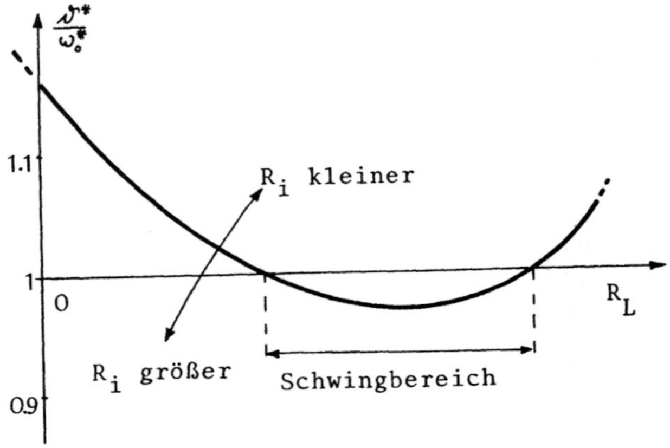

Es ist interessant, das Schwingverhalten der Schaltung zu untersuchen. Wir lassen L und C konstant und vergrößern für einen festen Innenwiderstand R_i den Lastwiderstand R_L von 0 aus. Dann erhalten wir das unerwartete Ergebnis, daß für kleine R_L die Schaltung nicht schwingt. In einem bestimmten Bereich der R_L-Werte schwingt die Schaltung und bei weiter steigenden R_L-Werten ist sie wieder stark gedämpft.
Für größer werdendes R_i wird im Schwingfall die Dämpfung immer kleiner.

11 Numerische Berechnung dynamischer Regelsysteme

Als Beispiel für ein Dgl.-System mit mehr als zwei Zustandsfunktionen betrachten wir noch die Ausgleichsvorgänge, wie sie in einem Regelsystem vor sich gehen [2].
Die numerische Behandlung entspricht der von Abschnitt 9, sodaß wir uns hier auf die Besprechung der Unterschiede beschränken können.

11.1 Grundlagen des Programms

Die Aufstellung des Programms erfolgt direkt anhand des Signalflußplanes des zu untersuchenden Systems und ist daher sehr übersichtlich. Der Signalflußplan wird so weit aufgelöst, daß er nur noch Integralglieder enthält.
Je Integrator

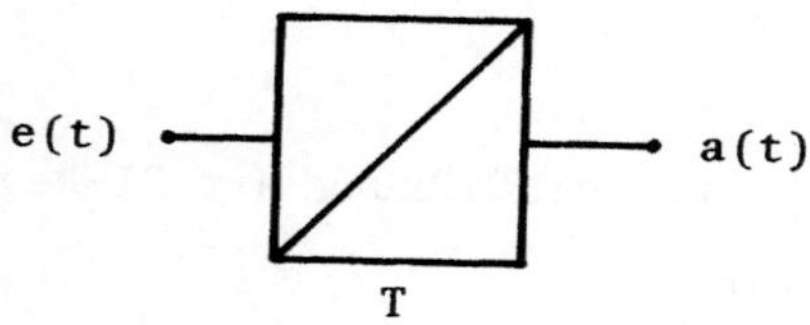

gilt die integrale Beziehung

$$a(t) = \int_0^t K \cdot e(t) \cdot dt + a(0) \qquad (1)$$

mit der Konstanten K = 1/T.
Dabei ist a(t) die gesuchte Zustandsfunktion am Ausgang des Integrators, während e(t) die Eingangsfunktion beschreibt, die bei geschlossenem Regelsystem wieder von a(t) abhängt. Gleichung (1) ist aber gleichwertig der differentiellen Beziehung

$$\frac{da(t)}{dt} = a' = K \cdot e(t) = g(t, a, \ldots) \qquad (2)$$

d.h., je Integrator des Regelsystems erhalten wir eine Dgl. erster Ordnung für die Ausgangsgrößen a(t), die wir der Reihe nach mit y1, y2, y3, ... bezeichnen.
Für das Programm zur numerischen Berechnung übernehmen wir das

Flußdiagramm von Abschnitt 9. Bisher waren wir so vorgegangen, daß wir zu einem Zeitpunkt t alle "rechten Seiten" g1(t, y1, y2,...), g2(t, y1, y2,...), ... berechnet und zwischengespeichert haben. Erst anschließend haben wir alle Integrationen entsprechend dem Polygonzugverfahren durchgeführt. Diese Zwischenspeicherung erfolgte in den Arbeitsspeichern des "STACK" (hp 25, hp 67) oder zusätzlichen Datenspeichern (z.B. SR 52). Will man bei größerer Anzahl von Zustandsfunktionen diese Zwischenspeicher einsparen, so kann man das Polygonzugverfahren dahingehend modifizieren, daß man unmittelbar nach Berechnung einer "rechten Seite" gK die zugehörige Integration durchführt [5]. Die dadurch auftretende zusätzliche numerische Ungenauigkeit wird bei Verkleinerung von Δt abgeschwächt. Es ist sinnvoll, die Reihenfolge der Berechnung der einzelnen Zustandsfunktionen entgegen der Wirkrichtung im Signalflußplan vorzunehmen. Wir zeigen dieses Verfahren an einem konkreten Beispiel.

11.2 Regelstrecke zweiter Ordnung mit PI-Regler

11.2.1 Signalflußplan

Gegeben sei eine Regelstrecke zweiter Ordnung mit dem folgenden Signalflußplan.

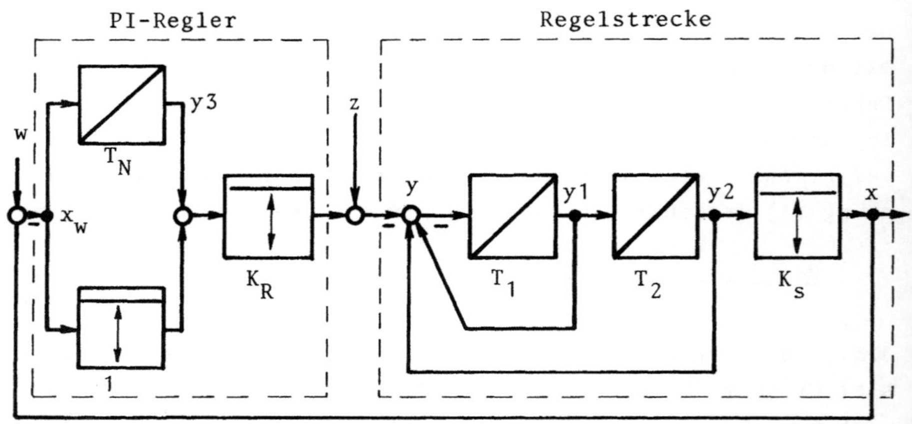

Diese Regelstrecke wird in der Regelungstechnik beschrieben durch die Übertragungsfunktion

$$F_s = \frac{K_s}{1 + T_2 \cdot p + T_1 \cdot T_2 \cdot p^2}. \qquad (3)$$

Die Ausgänge der Integratoren haben wir mit y1, y2, y3 bezeichnet und außerdem als Hilfsgröße die Regelabweichung x_w eingeführt.
Mit den Parametern

$$K_1 = 1/T_1, \; K_2 = 1/T_2, \; K_I = 1/T_N \qquad (4)$$

bekommen wir die Beziehungen:

$$x = y2 \cdot K_s$$
$$x_w = w - x$$
$$y3' = x_w \cdot K_I = g3(t, y1, y2, y3)$$
$$y2' = y1 \cdot K_2 = g2(t, y1, y2, y3)$$
$$y1' = ((y3 + 1 \cdot x_w) \cdot K_R + z - y1 - y2) \cdot K_1 = g1(t, y1, y2, y3)$$

11.2.2 Programmierung

Wir geben das Programm für den Tischrechner hp 97 (hp 67) an. Dabei wird der Sollwert w = 0 und zur Vereinfachung $K_1 = 1$ gesetzt. Das bedeutet, daß die Zeitkonstante T_1 als Zeiteinheit (ZE) gewählt wird. Alle anderen Zeitkonstanten sind dann Vielfache dieser Zeiteinheit ZE.

Speicherzuordnung:

Register	Inhalt
R0	t
R1	y1
R2	y2
R3	y3
RC	Zwischenspeicher
RD	h = Δt (Integrationsschritt)
RE	m
RI	K (Zähler)
R6	K_I
R7	K_R
R8	K_2
R9	K_s

Die Störgröße z rufen wir über ein Unterprogramm a auf, sodaß z im x-Register steht.

11.2.2.1 Bedienungsanweisung

Nr.	Anweisung	Werte	Tasten
1	Programm 001 - 047 eingeben		
2	Unterprogramm für z ab 048 eingeben		
3	Parameterwerte	K_I	STO 6
		K_R	STO 7
		K_2	STO 8
		K_s	STO 9
4	Anfangswerte	t	STO 0
		y1	STO 1
		y2	STO 2
		y3	STO 3
5	Schrittweite	h	STO D
	Zähler	m	STO E
6	Start		A

Die Größen K_I und K_2 folgen aus (4) unter Berücksichtigung von $K_1 = 1$. K_s folgt aus (3) und für K_R muß durch Versuch ein geeigneter Wert gefunden werden.

11.2.2.2 Programm

Line	Tasten	Kommentar
001	LBL A	Start
002	RCL E	
003	STO I	K := m
004	SPACE	
005	DSP 9	Druckformat
006	RCL 0	
007	PRT x	Druck t
008	RCL 2	
009	RCL 9	

Line	Tasten	Kommentar
010	x	$x := y2 \cdot K_s$
011	PRT x	Druck x
012	LBL 0	
013	0	w
014	RCL 2	
015	RCL 9	
016	x	$x := y2 \cdot K_s$
017	-	$x_w := w - x$
018	STO C	
019	RCL 6	
020	x	$g3 := x_w \cdot K_I$
021	RCL D	
022	x	
023	STO+3	$y3 := y3 + h \cdot g3$
024	RCL 1	
025	RCL 8	
026	x	$g2 := y1 \cdot K_2$
027	RCL D	
028	x	
029	STO+2	$y2 := y2 + h \cdot g2$
030	GSB a	Unterprogramm z → x-Register
031	RCL 3	
032	RCL C	
033	+	
034	RCL 7	
035	x	
036	+	
037	RCL 1	
038	-	
039	RCL 2	
040	-	$g1 := z + (y3 + x_w) \cdot K_R - y1 - y2$
041	RCL D	
042	STO+0	$t := t + h$
043	x	
044	STO+1	$y1 := y1 + h \cdot g1$
045	DSZ I	$K := K - 1,\ K > 0$?
046	GTO 0	
047	GTO A	

Für den Einheitssprung z(t) = 1 bekommen wir das Unterprogramm

Line	Tasten
048	LBL a
049	1
050	RTN

11.2.3 Beispiel

Die gegebene Regelstrecke ist gekennzeichnet durch

$T_1 = 40$ ms
$T_2 = 160$ ms
$K_s = 0{,}79.$

Der zugeordnete PI-Regler hat eine Nachstellzeit $T_N = 50$ ms. Der Wert K_R wird versuchsweise auf 1,2 eingestellt. Wir geben also folgende Werte ein:

$K_I = 0{,}8$ $\qquad$ $K_2 = 0{,}25$
$K_R = 1{,}2$ $\qquad$ $K_s = 0{,}79.$

Gibt man nun als Störgröße z den Einheitssprung auf das ruhende System (alle Anfangswerte = 0),so reagiert die Regelgröße x wie folgt:

t/ZE	x (h=0,1; m=5)
0,5	0.01778
1,0	0.06673
1,5	0.12872
2,0	0.19055
2,5	0.24313
3,0	0.28084

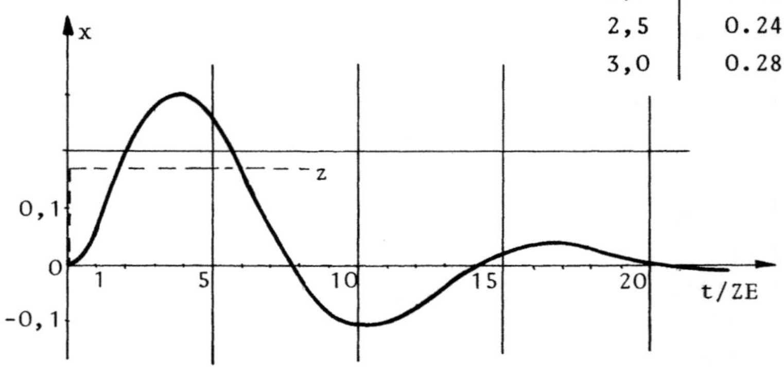

Die Übertragungsfunktion der Regelstrecke selbst ergibt sich mit $K_R = 0$.

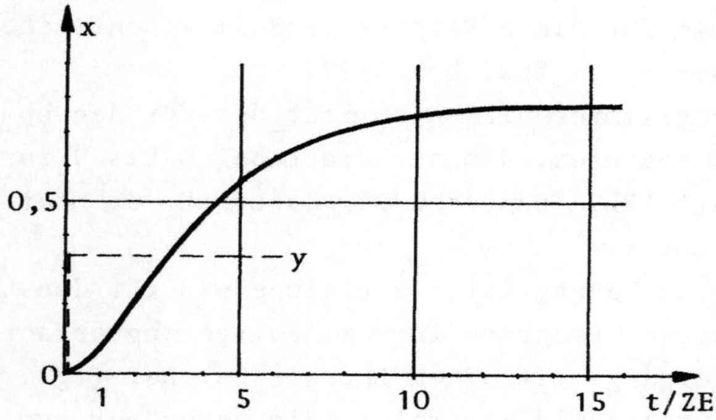

12.1 Taschenrechner hp 19C und hp 29C

Die Programme für diese Rechner sind im wesentlichen gleich denen für den hp 25 bzw. hp 67/97.
Die Unterprogrammtechnik entspricht der für den hp 67/97, jedoch ist zu beachten, daß nur die Label 0 bis 9 zur Verfügung stehen. Statt LBL A benützen wir daher LBL 9. Statt LBL a benützen wir LBL 8.
Die Speicherzuordnung ist die gleiche wie für den hp 67/97.
Das grundlegende Programm für das Polygonzugverfahren für Ausgleichsvorgänge mit einem Energiespeicher (vgl. Abschnitt 5.3.2.2) lautet damit wie folgt (die gegenüber dem hp 67/97-Programm geänderten Stellen sind mit → markiert):

Line	Tasten
→ 01	LBL 9
02	RCL 8
03	STO 3
04	RCL 0
05	PRT x bzw. PAUSE
06	RCL 1
07	PRT x bzw. R/S
08	LBL 0
→ 09	GSB 8
10	RCL 2
11	STO+0
12	x
13	STO+1
14	1
15	STO-3
16	RCL 3
17	x > 0
18	GTO 0
→ 19	GTO 9

Das Beispiel y' = t - y des Abschnitts 5.3.2.2 ergibt sich mit dem Unterprogramm

Line	Tasten
→ 20	LBL 8
21	RCL 0
22	RCL 1
23	-
24	RTN

und den Vorbereitungsschritten

Werte	Tasten	Anzeige
2	STO 8	m
0.1	STO 2	h
0	STO 0	t
0	STO 1	y
→	GSB 9	t, y

Das grundlegende Programm für das Polygonzugverfahren für Ausgleichsvorgänge mit zwei Energiespeichern (vgl. Abschnitt 9.2.2.2) lautet wie folgt (Änderungen gegenüber hp 67/97 sind mit → gekennzeichnet):

Line	Tasten
→ 01	LBL 9
→ 02	RCL 8
03	STO 4
04	SPC bzw. 0
05	RCL 0
06	PRT x bzw. PAUSE
07	RCL 1
08	PRT x bzw. R/S
09	RCL 2
10	PRT x bzw. R/S
11	LBL 0
→ 12	GSB 8
13	RCL 3
14	STO+0

15	x
16	STO+1
17	CLX
18	RCL 3
19	x
20	STO+2
21	1
22	STO-4
23	RCL 4
24	x > 0
25	GTO 0
→26	GTO 9

Das Beispiel y1' = y2
y2' = - y1

des Abschnitts 9.2.2.3 ergibt sich mit dem Unterprogramm

Line	Tasten
→27	LBL 8
28	RAD
29	RCL 1
30	CHS
31	RCL 2
32	RTN

und den Vorbereitungsschritten

Werte	Tasten	Anzeige
0	STO 0	t
0	STO 1	y1
1	STO 2	y2
0.02	STO 3	h
→ 10	STO 8	m
→	GSB 9	t, y1, y2

12.2 Taschenrechner TI 58 und TI 59

Bei der Berechnung von Dgl. erster Ordnung nach dem Polygonzugverfahren gilt entsprechend den Abschnitten 5.3.3 und 5.3.4 nunmehr Folgendes:

Bedienungsanweisung:

Nr.	Anweisung	Werte	Tasten	Anzeige
1	Eingeben Programm Line 000 bis 028			
2	Unterprogramm für "rechte Seite" ab Line 029 eingeben			
3	Anfangswerte	t_o	STO 00	t
		y_o	STO 01	y
4	Schrittweite	h	STO 02	h
	Druckzähler	m	STO 08	m
5	Anzeigeformat (z.B)		*FIX 3	
6	Rechnung		A	t
			R/S	y
			R/S	t usw.

Die Speicherzuordnung ist dieselbe wie beim SR 52.
Unterprogramm für y' = g(t, y):

Line	Tasten	Kommentar
029	*LBL	
	*A'	
.....	}	g(t, y) → x-Register
	INV SBR	

Programm:

Line	Tasten	Kommentar
000	*LBL	
001	A	
002	RCL	
003	8	
004	STO	
005	3	K := m

006	RCL	
007	0	
008	R/S	Anzeige t
009	RCL	
010	1	
011	R/S	Anzeige y
012	*LBL	
013	*DSZ	
014	SBR	Unterprogramm
015	*A'	g
016	x	
017	RCL	
018	2	h
019	SUM	
020	0	t := t + h
021	=	h*g
022	SUM	
023	1	y := y + h*g
024	*DSZ	K := K - 1
025	3	K > 0?
026	*DSZ	
027	GTO	
028	A	

Start bei A.

Das bekannte Beispiel y' = t - y ergibt sich mit dem Unterprogramm

Line	Tasten
029	*LBL
030	*A'
031	RCL
032	0
033	-
034	RCL
035	1
036	=
037	INV SBR

und den Vorbereitungsschritten

Werte	Tasten	Anzeige
	*FIX 3	
0	STO 00	t
0	STO 01	y
0.1	STO 02	h
10	STO 08	m
	A	t = 0.000
	R/S	y = 0.000
	R/S	t = 1.000
	R/S	y = 0.349

Bei der Berechnung von Dgl. zweiter Ordnung nach dem Polygonzugverfahren gehen wir entsprechend Abschnitt 9.2.4 vor. Die Bedienungsanweisung entspricht der des SR 52, vgl. Abschnitt 9.2.4.1. Die Speicherzuordnung ist dieselbe wie beim SR 52.

Unterprogramm für die "rechte Seite" g(t, y1, y2):

Line	Tasten	
040	*LBL	
	*A'	
....	}	g1(t, y1, y2) → x-Register g2(t, y1, y2) → Register 09
	INV SBR	

Programm:

Line	Tasten	Kommentar
000	*LBL	
001	A	
002	RCL	
003	8	
004	STO	
005	4	K := m
006	RCL	
007	0	
008	R/S	Anzeige t
009	RCL	
010	1	
011	R/S	Anzeige y1
012	RCL	
013	2	
014	R/S	Anzeige y2
015	*LBL	
016	*DSZ	
017	SBR	Unterprogramm
018	*A'	g1
019	x	
020	RCL	
021	3	h

022	SUM	
023	0	t := t + h
024	=	h*g1
025	SUM	
026	1	y1 := y1 + h*g1
027	RCL	
028	9	g2
029	x	
030	RCL	
031	3	
032	=	h*g2
033	SUM	
034	2	y2 := y2 + h*g2
035	*DSZ	K := K - 1
036	4	K 0?
037	*DSZ	
038	GTO	
039	A	

Start bei A.

Das bekannte Beispiel y1' = y2, y2' = -y1 ergibt sich mit dem Unterprogramm

Line	Tasten
040	*LBL
041	*A'
042	RCL
043	1
044	+/-
045	STO
046	9
047	RCL
048	2
049	INV SBR

und den Vorbereitungsschritten

Werte	Tasten	Anzeige
	*FIX 3	
0	STO 00	t
0	STO 01	y1
1	STO 02	y2
0.02	STO 03	h
10	STO 08	m
	A	t
	R/S	y1
	R/S	y2
	R/S	

Literatur

[1] Grafe, Loose, Kühn: Grundlagen der Elektrotechnik, II. Heidelberg 1971

[2] Schnell, G.: Elemente der Elektronik. München 1978

[3] Doetsch, G.: Anleitung zum praktischen Gebrauch der Laplace-Transformation und Z-Transformation. München 1967

[4] Bronstein, Semendjajew: Taschenbuch der Mathematik. Frankfurt 1966

[5] Schneider, K.: Regelungstechnik 25, Heft 1, 1977

Aus dem Programm Elektrotechnik

Grundlagenwerke:

Einführung in die Methode der Numerischen Mathematik, von W. Böhm und G. Gose

Laplace-Transformation, von W. Ameling

Laplace-Transformation, von J. G. Holbrook

Differentialgleichungen der Elektrotechnik
von K. Hoyer und G. Schnell

Einführung in die Netzwerktheorie, von D. Naunin

Elektronische Bauelemente und Netzwerke, von H.-G. Unger und W. Schultz
Band II: Die Berechnung elektronischer Netzwerke

Aufgabensammlungen:

Elektroaufgaben, von H. Lindner und E. Balcke
Band III: Leitungen, Vierpole, Fourier-Analyse, Laplace-Transformation

Elektronische Bauelemente und Netzwerke, von H.-G. Unger und W. Schultz
Band III: 146 Aufgaben mit Lösungen

Programmieren von Taschenrechnern, von H. H. Gloistehn:

Band 1: Lehr- und Übungsbuch für den SR 56
Band 2: Lehr- und Übungsbuch für den TI-57
Band 3: Lehr- und Übungsbuch für den TI-58 und TI-59

Vieweg

GPSR Compliance

The European Union's (EU) General Product Safety Regulation (GPSR) is a set of rules that requires consumer products to be safe and our obligations to ensure this.

If you have any concerns about our products, you can contact us on ProductSafety@springernature.com

In case Publisher is established outside the EU, the EU authorized representative is:

Springer Nature Customer Service Center GmbH
Europaplatz 3
69115 Heidelberg, Germany

Batch number: 08566355

Printed by Printforce, the Netherlands